Ben Stacy Jerrik (Hrsg.)

Aplocheilichthyinae

Ben Stacy Jerrik (Hrsg.)

Aplocheilichthyinae

Poeciliidae, Cyprinodontoidei, Hochlandkärpflinge, Kamerun-Prachtkärpfling

Part Press

Imprint

All parts of this book are extracted from Wikipedia, the free encyclopedia (www.wikipedia.org).

You can get detailed informations about the authors of this collection of articles at the end of this book. The editors (Ed.) of this book are no authors. They have not modified or extended the original texts.

Pictures published in this book can be under different licences than the GNU Free Documentation License. You can get detailed informations about the authors and licences of pictures at the end of this book.

The content of this book was generated collaboratively by volunteers. Please be advised that nothing found here has necessarily been reviewed by people with the expertise required to provide you with complete, accurate or reliable information. Some information in this book maybe misleading or wrong. The Publisher does not guarantee the validity of the information found here. If you need specific advice (f.e. in fields of medical, legal, financial, or risk management questions) please contact a professional who is licensed or knowledgeable in that area.

Cover image: www.ingimage.com
Concerning the licence of the cover image please contact ingimage.

Publisher:
Part Press is a trademark of
International Book Market Service Ltd., 17 Rue Meldrum, Beau Bassin, 1713-01 Mauritius
Email: info@bookmarketservice.com
Website: www.bookmarketservice.com

Published in 2012

Printed in: U.S.A., U.K., Germany. This book was not produced in Mauritius.

ISBN: 978-613-9-02846-7

Contents

Articles

References

Aplocheilichthyinae

Aplocheilichthyinae	
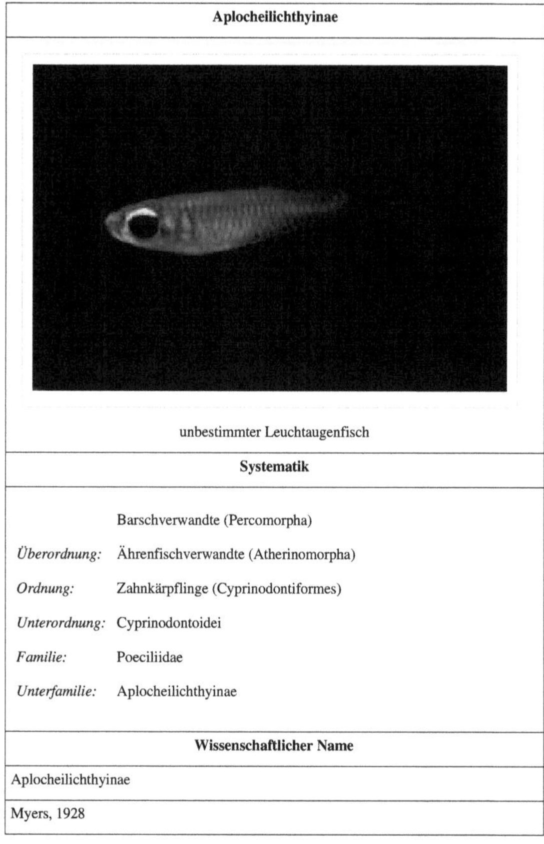 unbestimmter Leuchtaugenfisch	
Systematik	
	Barschverwandte (Percomorpha)
Überordnung:	Ährenfischverwandte (Atherinomorpha)
Ordnung:	Zahnkärpflinge (Cyprinodontiformes)
Unterordnung:	Cyprinodontoidei
Familie:	Poeciliidae
Unterfamilie:	Aplocheilichthyinae
Wissenschaftlicher Name	
Aplocheilichthyinae	
Myers, 1928	

Die **Aplocheilichthyinae** sind eine Unterfamilie der Poeciliidae in der Ordnung der Zahnkärpflinge (Cyprinodontiformes). Es sind schwimmfreudige Schwarmfische. Sie sind in Afrika weit verbreitet und besiedeln dort Bäche, Flüsse und Seen. Im deutschen werden die Fische, ebenso wie die Arten der Unterfamilie Procatopodinae, als **Leuchtaugenfische** oder **Leuchtaugenkärpflinge** bezeichnet.

Merkmale

Aplocheilichthyinae sind schlanke, meist bläulich oder grünlich glänzend gefärbte Fische. Ihre großen Augen reflektieren das Licht. Das Maul ist klein, leicht oberständig, die Prämaxillare ist protaktil (vorstreckbar). Die Zähne sind konisch und in Reihen angeordnet. Rücken- und Afterflosse stehen einander annähernd symmetrisch gegenüber. Dabei ist die Afterflosse oft deutlich länger. Sie beginnt dann vor der Rückenflosse. Die Schwanzflosse ist abgerundet oder schließt gerade ab. Die Brustflosse setzt hoch an, ihr erster Strahl liegt auf Höhe ober oberhalb der Körpermitte. Die Arten der Aplocheilichthyinae werden zwei bis sieben Zentimeter lang.

Lebensweise

Sie kommen vom Senegal bis Tansania in Savannen und Regenwäldern, in stehenden und fließenden Gewässern, von den kleinsten Tümpeln bis zu den großen ostafrikanischen Seen (nicht im Malawisee) und im Brackwasser der westafrikanischen Atlantikküste vor. Die Arten der Aplocheilichthyinae leben nah der Wasseroberfläche und ernähren sich von aquatischen und terrestrischen Insekten, die auf die Wasseroberfläche gefallen sind, und von kleinen Krebstieren. Sie sind ovipar (eierlegend) und nicht annuell (keine Saisonfische).

Innere Systematik

Es gibt vier Gattungen und etwa 40 Arten.

- Gattung *Aplocheilichthys*
  - Schwarzer Leuchtaugenfisch (*Aplocheilichthys antinorii*) (Vinciguerra, 1883)
  - *Aplocheilichthys atripinna* (Pfeffer, 1896)
  - *Aplocheilichthys brichardi* (Poll, 1971)
  - *Aplocheilichthys bukobanus* (Ahl, 1924)
  - *Aplocheilichthys centralis* Seegers, 1996
  - *Aplocheilichthys fuelleborni* (Ahl, 1924)
  - Hutereaus Leuchtaugenfisch (*Aplocheilichthys hutereaui*) (Boulenger, 1913)
  - *Aplocheilichthys jeanneli* (Pellegrin, 1935)
  - Johnstons Leuchtaugenfisch (*Aplocheilichthys johnstoni*) (Günther, 1894)
  - Katanga Leuchtaugenfisch (*Aplocheilichthys katangae*) (Boulenger, 1912)
  - *Aplocheilichthys kingii* (Boulenger, 1913)
  - *Aplocheilichthys kongoranensis* (Ahl, 1924)
  - *Aplocheilichthys lacustris* Seegers, 1984
  - *Aplocheilichthys lualabaensis* (Poll, 1938)
  - Goldpunktkärpfling (*Aplocheilichthys macrurus*) (Boulenger, 1904)
  - *Aplocheilichthys mahagiensis* David & Poll, 1937
  - Meyburgs Leuchtaugenfisch (*Aplocheilichthys meyburghi*) Meinken, 1971
  - Moeru-Leuchtaugenfisch (*Aplocheilichthys moeruensis*) (Boulenger, 1914)
  - *Aplocheilichthys myaposae* (Boulenger, 1908)
  - *Aplocheilichthys myersi* Poll, 1952
  - Vielfarbiger Leuchtaugenfisch (*Aplocheilichthys pumilus*) (Boulenger, 1906)
  - *Aplocheilichthys rudolfianus* (Worthington, 1932)
  - Nackenfleckkärpfling (*Aplocheilichthys spilauchen*) (Duméril, 1861)
  - Vitschumba-Leuchtaugenfisch (*Aplocheilichthys vitschumbaensis*) Ahl, 1924
- Gattung *Hylopanchax*
  - *Hylopanchax silvestris* (Poll & Lambert, 1958)
  - *Hylopanchax stictopleuron* (Fowler, 1949)
- Gattung *Lacustricola*
  - *Lacustricola maculatus* (Klausewitz, 1956)
  - *Lacustricola matthesi* (Seegers, 1996)
  - *Lacustricola mediolateralis* (Poll, 1966)
  - *Lacustricola nigrolateralis* (Poll, 1967)
  - *Lacustricola omoculatus* (Wildekamp, 1976)
  - *Lacustricola usanguensis* (Wildekamp, 1976)
- Gattung *Poropanchax*

- *Poropanchax hannerzi* (Scheel, 1968)
- *Poropanchax luxophthalmus* (Brüning, 1929)
- *Poropanchax manni* (Schultz, 1942)
- *Poropanchax myersi* (Poll, 1952)
- *Poropanchax normani* (Ahl, 1928)
- *Poropanchax rancureli* (Daget, 1965)
- *Poropanchax stigmatopygus* Wildekamp & Malumbres, 2004

Die Gattungen *Hylopanchax* und *Lacustricola* werden in Bill Eschmeyers Catalog of Fishes in die Unterfamilie Procatopodinae gestellt.

Literatur

- Günther Sterba: *Süsswasserfische der Welt.* Urania-Verlag, 1990, ISBN 3-332-00109-4

Weblinks

- Catalog of Fishes, Suchseite (Gattungen eingeben) [1]

References

[1] http://research.calacademy.org/redirect?url=http://researcharchive.calacademy.org/research/Ichthyology/catalog/fishcatmain.asp

Poeciliidae

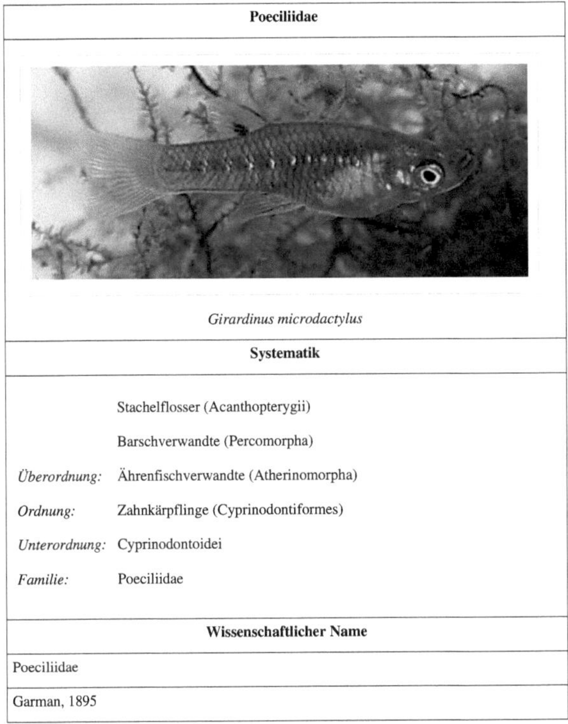

Poeciliidae	
Girardinus microdactylus	
Systematik	
	Stachelflosser (Acanthopterygii)
	Barschverwandte (Percomorpha)
Überordnung:	Ährenfischverwandte (Atherinomorpha)
Ordnung:	Zahnkärpflinge (Cyprinodontiformes)
Unterordnung:	Cyprinodontoidei
Familie:	Poeciliidae
Wissenschaftlicher Name	
Poeciliidae	
Garman, 1895	

Die **Poeciliidae** sind eine Familie der Zahnkärpflinge (Cyprinodontiformes). Es handelt sich um kleine 1,5 bis 22 Zentimeter lange Fische. Alle Poeciliidae leben in Afrika, Mittel- und Südamerika meist nah an der Gewässeroberfläche in stark bewachsenen Gewässern. Zum Zweck der Mückenbekämpfung wurden einige Arten durch den Menschen fast weltweit in tropischen und subtropischen Gebieten verbreitet. Die meisten Poeciliidae ernähren sich von kleinen Wirbellosen wie Insektenlarven oder Kleinkrebsen, einige fressen auch Algen.

Systematik

Ursprünglich wurden in diese Familie nur die Lebendgebärenden Zahnkarpfen gestellt; nach der Auflösung des Taxons der Eierlegenden Zahnkarpfen wurden auch die eierlegenden Leuchtaugenfische dieser Familie zugerechnet, so dass die Lebendgebärenden nunmehr die Unterfamilie Poeciliinae bilden und die Leuchtaugenfische in die Unterfamilien Aplocheilichthyinae und Proatopodinae gestellt werden. Heute gibt es also drei Unterfamilien, über 70 Gattungen und etwa 344 Arten.

- Lebendgebärende Zahnkarpfen (Poeciliinae)
- Aplocheilichthyinae
- Procatopodinae

Literatur

- Joseph S. Nelson: *Fishes of the World.* John Wiley & Sons, 2006, ISBN 0-471-25031-7.

Weblinks

- Poeciliidae [1] auf Fishbase.org (englisch)

References

[1] http://www.fishbase.org/Summary/FamilySummary.php?ID=216

Cyprinodontoidei

Cyprinodontoidei	
 Valenciakärpfling (*Valencia hispanica*)	
Systematik	
	Acanthomorpha
	Stachelflosser (Acanthopterygii)
	Barschverwandte (Percomorpha)
Überordnung:	Ährenfischverwandte (Atherinomorpha)
Ordnung:	Zahnkärpflinge (Cyprinodontiformes)
Unterordnung:	Cyprinodontoidei
Wissenschaftlicher Name	
Cyprinodontoidei	

Die **Cyprinodontoidei** sind eine Unterordnung der Zahnkärpflinge (Cyprinodontiformes). Die kleinen Süß- und Brackwasserfische kommen in Süd-, Mittel- und dem östlichen Nordamerika, auf den Inseln der Karibik, entlang der Mittelmeerküsten, in der Türkei und in Afrika vor.

Merkmale

Die Fische sind schlank bis gedrungen, im Querschnitt meist drehrund, und werden 2,5 bis 32 Zentimeter lang. Im Unterschied zur Zahnkärpflingsunterordnung Aplocheiloidei, deren Bauchflossenbasen nah zusammenstehen, stehen sie bei den Cyprinodontoidei weit auseinander. Ein Metapterygoid fehlt, bei den Cyprinodontoidei ist dieser Schädelknochen vorhanden. Die Cyprinodontoidei besitzen zwei Basibranchiale (Knochen an der Basis des Kiemenbogens), die Aplocheiloidei drei. Die obere (dorsale) Hypohyale, ein Knochen des Branchiostegalapparats, fehlt. Der Meniskus zischen Prämaxillare und Maxillare fehlt. Der Unterkiefer ist robust und mittig verbreitert. Eine vorn liegende Erweiterung der Autopalatine, eines paarigen Knochens im Mundboden der Fische, ist geknickt und hammerförmig. Das Ligament, das normalerweise vom Innenbereich der Maxillare zur Mitte des schnauzenwärts gelegenen Knorpels verläuft, fehlt.

Innere Systematik

- Überfamilie Funduloidea
  - Familie Profundulidae
  - Familie Hochlandkärpflinge (Goodeidae)
  - Familie Fundulidae
- Überfamilie Valencioidea
  - Familie Valenciidae
- Überfamilie Cyprinodontoidea
  - Cyprinodontidae
- Überfamilie Poecilioidea
  - Familie Anablepidae
  - Familie Poeciliidae, (Lebendgebärende Zahnkarpfen und Leuchtaugenfische)

Literatur

- Joseph S. Nelson: *Fishes of the World*, John Wiley & Sons, 2006, ISBN 0-471-25031-7.
- E.O. Wiley & G.D. Johnson (2010): *A teleost classification based on monophyletic groups.* In: J.S. Nelson, H.-P. Schultze & M.V.H. Wilson: *Origin and Phylogenetic Interrelationships of Teleosts,* 2010, Verlag Dr. Friedrich Pfeil, München, ISBN 978-3-89937-107-9.

Zahnkärpflinge

Zahnkärpflinge	
 Pachypanchax omalonotus	
Systematik	
	Ctenosquamata
	Acanthomorpha
	Stachelflosser (Acanthopterygii)
	Barschverwandte (Percomorpha)
Überordnung:	Ährenfischverwandte (Atherinomorpha)
Ordnung:	Zahnkärpflinge
Wissenschaftlicher Name	
Cyprinodontiformes	
Berg, 1940	

Zahnkärpflinge (Cyprinodontiformes) sind eine Ordnung der Echten Knochenfische. Die im Süß- und Brackwasser vorkommenden Fische werden bis zu 30 Zentimeter lang und leben in tropischen und subtropischen Gewässern. Zahnkärpflinge sind wegen ihrer großen Farbenpracht und Anpassungsfähigkeit beliebte Zierfische.

Einige Zahnkärpflinge bringen ihre Jungen lebend zur Welt, dazu zählen zum Beispiel Guppys oder Platys. Die Befruchtung erfolgt bei diesen Arten innerlich; bei den Männchen ist die Afterflosse zu einem Begattungsorgan (Gonopodium) umgewandelt. Die Weibchen sind in der Lage, das Sperma zu speichern und so nach nur einer Paarung mehrmals zu werfen. Während der Trächtigkeit werden die Jungtiere nicht wie bei Säugetieren durch eine Plazenta versorgt, das Weibchen produziert vielmehr „normale" Eier, die sich jedoch im Mutterleib entwickeln, und in denen sich die Jungtiere, wie bei anderen eierlegenden Tieren, von Eidotter ernähren. Bei der Geburt sind die Tiere im Unterschied zu vielen anderen Fischen bereits in der Lage, zu schwimmen und zu fressen. Mit dieser Fortpflanzungsstrategie wird eine hohe Überlebensrate der Jungtiere ermöglicht.

Systematik

Nothobranchius rachovii

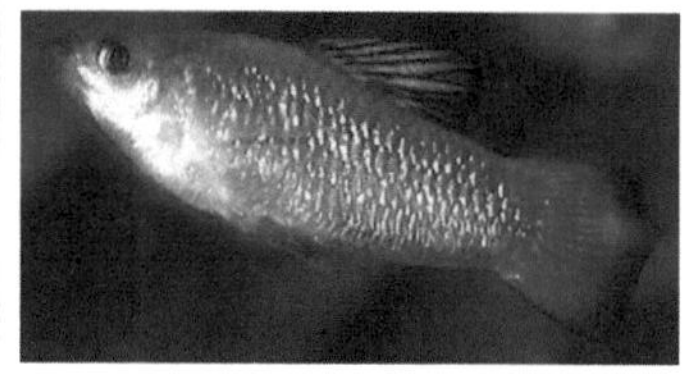

Limia perugiae

Zu der Ordnung der Zahnkärpflingen gehören zehn Familien und etwa 1150 Arten.

- Zahnkärpflinge (Cyprinodontiformes)
  - Unterordnung Aplocheiloidei
    - Aplocheilidae
    - Nothobranchiidae
    - Rivulidae
  - Unterordnung Cyprinodontoidei
    - Überfamilie Funduloidea
      - Profundulidae
      - Hochlandkärpflinge (Goodeidae)
      - Fundulidae
    - Überfamilie Valencioidea
      - Valenciidae
    - Überfamilie Cyprinodontoidea
      - Cyprinodontidae
    - Überfamilie Poecilioidea
      - Anablepidae
      - Poeciliidae, (Lebendgebärende Zahnkarpfen und Leuchtaugenfische)

Siehe auch

- Süßwasserzierfische

Literatur

- Joseph S. Nelson: *Fishes of the World.* John Wiley & Sons, 2006, ISBN 0-471-25031-7.

Weblinks

- FishBase: Order Summary for Cyprinodontiformes [1]

References

[1] http://www.fishbase.org/Summary/OrdersSummary.cfm?order=Cyprinodontiformes

Ährenfischverwandte

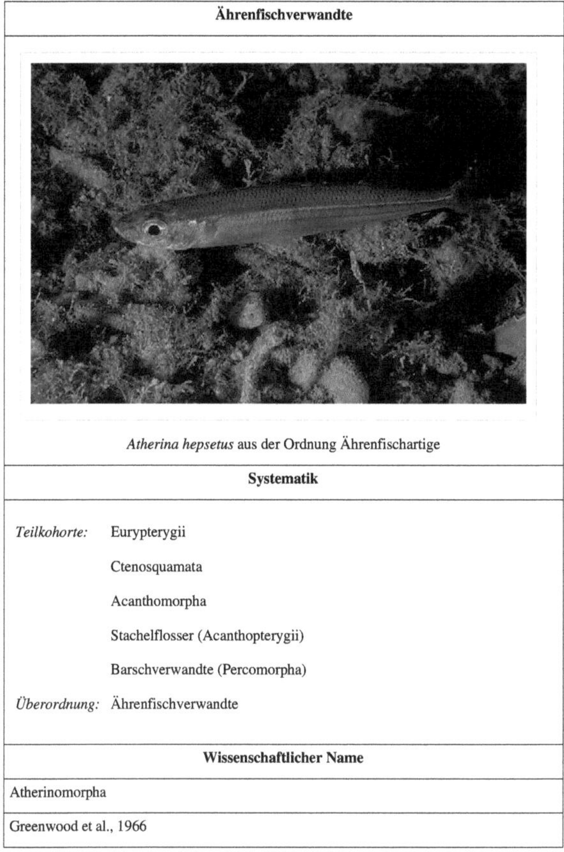

Ährenfischverwandte	
Atherina hepsetus aus der Ordnung Ährenfischartige	
Systematik	
Teilkohorte:	Eurypterygii
	Ctenosquamata
	Acanthomorpha
	Stachelflosser (Acanthopterygii)
	Barschverwandte (Percomorpha)
Überordnung:	Ährenfischverwandte
Wissenschaftlicher Name	
Atherinomorpha	
Greenwood et al., 1966	

Die **Ährenfischverwandten** (Atherinomorpha) sind eine Überordnung von Knochenfischen aus der Gruppe der Stachelflosser (Acanthopterygii). Es sind vor allem kleine bis mittelgroße Fische, die oft nah der Wasseroberfläche leben. In Süßgewässern und Brackwasser kommen 75 % der Arten vor, der Rest küstennah im Meer.

Merkmale

Die Ährenfischverwandten haben einen vorstülpbaren (protaktilen) Oberkiefer, der im Unterschied zu andere Acanthopterygii, kein Kugelgelenk zwischen Os palatinum und dem Maxillare aufweist. Ihnen fehlen auch die gekreuzt liegenden Bänder zwischen beiden Knochen. Die Ränder von Kiemendeckels und Vorkiemendeckels sind ungesägt und haben keine Stacheln. Kammschuppen treten selten auf. Die Anzahl der Branchiostegalstrahlen liegt bei 4 bis 15.

Fortpflanzung

Ursprünglich waren sie Bodenlaicher. Ihre Eier besitzen charakteristische Fäden zur Verankerung. Mehrere Gruppen haben unabhängig voneinander Viviparie entwickelt. Die Spermatogenese findet nur im distalen (von der Körpermitte weg gerichteten) Teil des Tubulus/Lomulus (ein Teil der Hoden) statt. Alle Spermien haben kein Akrosom (Kopfkappe des Spermiums) unterscheiden sich sonst aber stark. Bei den Atherinomorpha treten auch die einzigen Knochenfischarten auf, die ausschließlich aus weiblichen Tieren bestehen. Es sind der Altwelt-Ährenfisch *Menidia clarkhubbsi* und einige Lebendgebärende Zahnkarpfen aus den Gattungen *Poecilia* und *Poeciliopsis.*

Äußere Systematik

Die Ährenfischverwandte werden in die Stachelflosser (Acanthopterygii) eingeordnet und dort traditionell den Percomorpha gegenübergestellt [1] . Phylogenetisch sind sie aber ein Teil der Percomorpha. Sie gehören dort zu einer monophyletischen Klade, die die Meeräschenartigen (Mugiliformes) und einige Barschgruppen umfasst, die ebenfalls demersale, mit Haftfilamenten versehene Eier legen. Die Oberflächenstruktur der Eier gilt als Synapomorphie der Klade. Zu der Gruppe gehören die Schildfische (Gobiesocidae), deren Schwestergruppe, die Schleimfischartigen (Blennioidei), die Zwergbarsche (Pseudochromidae) und die mit ihnen verwandten Mirakelbarsche (Plesiopidae), Feenbarsche (Grammatidae) und Kieferfische (Opistognathidae), sowie die Buntbarsche (Cichlidae) und ihre Verwandten, die Riffbarsche (Pomacentridae) und die Brandungsbarsche (Embiotocidae), die allerdings lebendgebärend sind. [2]

Hyporhamphus meeki aus der Ordnung Hornhechtartige

Floridakärpfling (*Jordanella floridae*) aus der Ordnung Zahnkärpflinge

Innere Systematik

Nach Nelson gehören 1.552 rezente Arten, 193 Gattungen, 21 Familien in folgenden drei Ordnungen zu den Atherinomorpha.

- **Ährenfischverwandte** (Atherinomorpha)
  - Atherinea
    - Ordnung Ährenfischartige (Atheriniformes)
  - Cyprinodontea
    - Ordnung Hornhechtartige (Beloniformes)
    - Ordnung Zahnkärpflinge (Cyprinodontiformes)

Quellen

Literatur

- Britz, Ralf (2004): *Teleostei, Knochenfische i.e.S.* S. 275 in Westheide, W. & Rieger, R.: *Spezielle Zoologie Teil 2: Wirbel und Schädeltiere*, 1. Auflage, Spektrum Akademischer Verlag Heidelberg • Berlin, ISBN 3-8274-0307-3
- Dyer, B. S. and B. Chernoff (1996): *Phylogenetic relationships among atheriniform fishes (Teleostei: Atherinomorpha).* Zool. Journ. Linn. 117: 1-69.
- Hertwig, S. T. (2008): *Phylogeny of the Cyprinodontiformes (Teleostei, Atherinomorpha): the contribution of cranial soft tissue characters.* Zool. Scripta, 37 (2): 141-174.
- Nelson, J. S. (2006): *Fishes of the World.* John Wiley & Sons, ISBN 0-471-25031-7.

Einzelnachweise

[1] Nelson (2006)

[2] Setiamarga DH, Miya M, Yamanoue Y, Mabuchi K, Satoh TP, Inoue JG, Nishida M.: *Interrelationships of Atherinomorpha (medakas, flyingfishes, killifishes, silversides, and their relatives): The first evidence based on whole mitogenome sequences.* Mol Phylogenet Evol. 2008 Nov;49(2):598-605. Epub 2008 Aug 19.

Saisonfisch

Als **Saisonfische** oder **annuelle** Fische bezeichnet man Killifische, die Gewässer bewohnen, welche regelmäßig austrocknen.

Nothobranchius rachovii

Ihre Eier machen sogenannte Diapausen durch. Darunter versteht man einen Stillstand in der Entwicklung des Eies. Die erste Diapause setzt nach den ersten Teilungsschritten im Ei ein. Sie wird ausgelöst durch Sauerstoffmangel in der Umgebung der Eier (diese werden ja im Schlamm des Bodengrunds abgelegt) und dauert bis zum Austrocknen der Heimatgewässer dieser Fische. Liegen die Eier nun im Trockenen, kann wieder Luft und damit auch Sauerstoff an die Eier heran und die Entwicklung setzt sich fort. Der fertig entwickelte Embryo verharrt dann in einer weiteren Diapause, die durch die einsetzenden Regenfälle am Ende der Trockenzeit beendet wird. Durch diese Diapausen kann sich die Entwicklung der Eier um Wochen oder gar Monate verzögern.

Die Jungtiere besiedeln dann ihre angestammten Lebensräume von neuem. Allerdings haben sie für ihr Leben nur "eine Saison" Zeit. Innerhalb weniger Monate müssen die Tiere geschlechtsreif sein, um vor der nächsten Trockenzeit den Fortbestand ihrer Art zu sichern. Die Anpassung an diese schwierigen Lebensräume ist so perfekt, dass die Tiere selbst im Aquarium den schnellen Lebensrhythmus beibehalten: Saisonfische wachsen außerordentlich schnell, können nach acht bis neun Wochen bereits geschlechtsreif sein und nach einem, spätestens eineinhalb Jahren, sind die Tiere meist vergreist und sterben.

In Afrika sind diese Saisonfische durch die Gattung *Nothobranchius* vertreten, in Südamerika leben die Fächerfische *(Cynolebias)* und die Schleierkärpflinge *(Pterolebias).* Durch neuere wissenschaftliche Bearbeitung sind diese beiden Gattungen aber weiter aufgegliedert worden.

Aquaristik

Will ein Aquarianer solche Fische vermehren, so muss er den Fischen ungedüngten Torf zur Verfügung stellen, entweder direkt als Bodengrund oder in einem Plastikeimer. Bei Fischen die tief im Boden ablaichen (z.B. *(Cynolebias)*), muss die Torfschicht mindestens so dick sein wie die Fische lang sind. Nach ca. 2 Wochen wird der Torf aus dem Aquarium entnommen und auf eine geringe Restfeuchte getrocknet. Der so behandelte Torfansatz wird in einem Plastikbeutel für die Dauer der Artspezifischen „Trockenzeit" aufbewahrt. Ohne diese Trockenzeit entwickeln sich die Eier nicht. Nach 2–6 Monaten wird der Torf in ein Aquarium gegeben, wo die Jungfische schlüpfen [1].

Hinweise

[1] Ines Scheurmann: *Aquarienfische züchten*, S. 103f, Gräfe und Unzer, München 1989, ISBN 3-7742-5063-4

Siehe auch

- Süßwasserzierfische

Weblinks

- Saisonfische (http://www.killi-foto.de/saisonfische.html)
- Über die Gattung *Nothobranchius* (http://nothobranchius.de/)
- Arbeitsgemeinschaft *Cynolebias* – südamerikanische Saisonfische (http://www.cynolebias.de/content/home/homepage.php)

Krebstiere

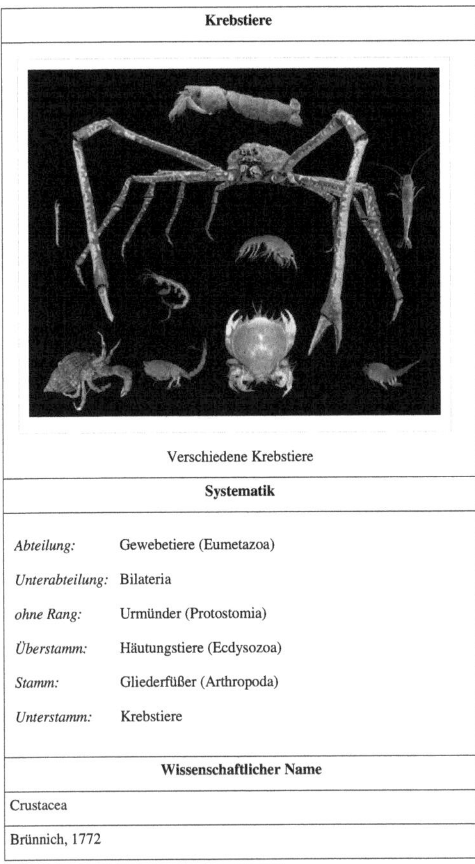

Krebstiere	
Verschiedene Krebstiere	
Systematik	
Abteilung:	Gewebetiere (Eumetazoa)
Unterabteilung:	Bilateria
ohne Rang:	Urmünder (Protostomia)
Überstamm:	Häutungstiere (Ecdysozoa)
Stamm:	Gliederfüßer (Arthropoda)
Unterstamm:	Krebstiere
Wissenschaftlicher Name	
Crustacea	
Brünnich, 1772	

Die **Krebse** oder **Krebstiere** (Crustacea) bilden mit weltweit beinahe 40.000 Arten eine Gruppe innerhalb der Gliederfüßer (Arthropoda), die als Unterstamm geführt wird. Die Angehörigen dieser Gruppe zeichnen sich vor allem durch eine extreme Formenvielfalt aus, die als Anpassung an die verschiedenen Lebensräume und Lebensweisen entstanden sind.

Als Lebensmittel verwendete Krebstiere werden in der Kochkunst als Krustentiere bezeichnet.

Merkmale der Krebse

Gerade aufgrund der Formenvielfalt ist es sehr schwierig, eigene Merkmale der Gruppe zu finden. Als offensichtliche Unterschiede zu den Tracheentieren (Insekten und Myriapoden) fallen vor allem die Anzahl der Antennen (zwei Paar, weshalb sie manchmal auch als *Diantennata* bezeichnet werden) und die Kiemen auf. Bei diesen Merkmalen handelt es sich jedoch um Merkmale, die erst bei den Tracheaten abgewandelt wurden, also Plesiomorphien. Ebenfalls als altes Merkmal muss der Besitz eines typischen Spaltbeines bei den Krebsen angesehen werden, da bereits die als Fossilien bekannten Trilobiten diese Extremitäten hatten. Übrig bleiben als einzige

Gemeinsamkeiten fast aller Krebse die besondere Form der Larve (Naupliuslarve) mit typischerweise drei extremitätentragenden Segmenten und dem typischen unpaaren Naupliusauge, die Übereinstimmung der Exkretionsorgane als spezielle, sackartige Strukturen an der Basis der Antennen und Maxillen sowie ein weitgehend übereinstimmendes Teilungsmuster der Zellen in der Keimbahn.

Wie bei allen Gliederfüßern besteht der Körper der Krebse aus einer Anzahl von Segmenten, die vorn durch ein Kopfsegment (Acron) und hinten durch ein Endsegment (Telson) begrenzt sind. Bei den beiden letzteren handelt es sich aber nicht um echte Segmente. Durch die verschiedenen Spezialisierungen und die damit verbundenen Veränderungen im Körperbau der Tiere kommt es zu sehr vielen Variationen dieses Grundplanes. Wesentliche Veränderungen betreffen die Extremitäten (Abwandlung des Spaltbeines zu Spezialstrukturen wie Mundwerkzeugen, Saugnäpfen, Genitalorgane etc.) und besonders die Verschmelzungen einzelner Segmente zu größeren Körperabschnitten, die als Tagmata bezeichnet werden. Im Grundbauplan folgen auf einen Kopfbereich (Cephalon), der wahrscheinlich aus dem Acron sowie sechs verschmolzenen Segmenten besteht, zwei Körperabschnitte mit einer wechselnden Anzahl von Segmenten, die als Rumpf (Thorax) und Hinterleib (Abdomen oder Pleon) bezeichnet werden. Dabei werden als Rumpf die Segmente zusammengefasst, die sich durch Extremitäten auszeichnen. Hinterleibssegmente tragen keine oder nur stark abgewandelte Extremitäten. Häufig kommt es darüber hinaus zu einer weiteren Verschmelzung des Kopfes mit mehreren Rumpfsegmenten, die als Cephalothorax bezeichnet wird, verbleibende Rumpfsegmente bilden in diesem Fall das Peraeon.

Fortpflanzung und Entwicklung

Süßwasserkrabbe in Südkreta

Auch bei der Fortpflanzung der Krebse gibt es diverse Variationen. Dabei reicht das Spektrum von einer einfachen Entlassung der Spermien und Eier in das freie Wasser mit einer äußeren Befruchtung über eine innere Befruchtung durch speziell umgestaltete Extremitäten als Pseudopenis bis hin zur „Haltung" von Zwergmännchen in einer übergroßen Vagina bei einigen parasitischen Arten.

Die Entwicklung ist bei den meisten Gruppen innerhalb der Krebse ähnlich. Sie durchlaufen meist mehrere Larvenstadien, bei der durch Sprossung regelmäßig neue Segmente und die dazugehörigen Extremitäten angehängt werden (Anamerie). Alle *Crustaceen* (mit Ausnahme der Zungenwürmer) bilden als erstes Larvenstadium die für die Krebse typische Naupliuslarve, dieses Stadium kann allerdings auch noch im Ei stattfinden. Aus dieser Grundlarve bilden sich dann innerhalb der verschiedenen Gruppen unterschiedliche Larventypen (beispielsweise Copepodid- oder Zoëa-Larven), die dann mit oder ohne Metamorphose zu adulten Krebsen heranwachsen.

Lebensweise der Krebse

Landeinsiedlerkrebs
(*Coenobita clypeatus*)

Krebse sind bis auf wenige Ausnahmen im Wasser zu finden, dabei haben sie alle Lebensräume des Meeres und des Süßwassers besiedelt. Unter den Krebsen gibt es auch einige Arten, die an Land leben können, wie etwa die Palmendiebe unter den Einsiedlerkrebsen oder die Strandkrabben. Diese Arten sind jedoch zumindest für die Entwicklung noch immer abhängig vom Wasser. Die einzigen, die auch dauerhaft an Land leben können, sind die Landasseln.

Im Wasser findet man sie in jedem Lebensraum, den das Meer oder das Süßwasser bietet. Viele Arten leben als Plankton im Pelagial (Freiwasser), andere besiedeln den Gewässerboden, Felsspalten, Riffe oder Brandungszonen. Selbst unter dem arktischen und antarktischen Eis gibt es sie in großer Zahl und ihre Anwesenheit im Umkreis heißer Quellen (Black Smoker) in der Tiefsee ist ebenfalls belegt. Eine Reihe von Arten lebt außerdem parasitär in und an Fischen, anderen Krebsen und auch in Landwirbeltieren.

Eine umfassende Darstellung der Lebensweisen einzelner Gruppen kann an dieser Stelle nicht gegeben werden, somit sei auf die einzelnen Gruppen am Ende des Textes verwiesen.

Evolution der Krebstiere

Über die Evolution der Krebse ist wie bei den meisten anderen Gliederfüßern nur relativ wenig bekannt. Dies liegt vor allem an den relativ schlecht fossilierbaren Chitinpanzern der Tiere. Die ersten Krebsfossilien kennt man aus dem Kambrium, wo bereits Vertreter der Ostrakoden (Ostracoda) und der Höheren Krebse (Malacostraca) vorkamen (Kambrische Explosion). Die ersten Krebsformen ähnelten wahrscheinlich den heute noch ausschließlich in Brackwasserhöhlen vorkommenden Remipedia. Von diesen gibt es jedoch keine Fossilbelege. Die Blattfußkrebse (Branchiopoda) sind seit dem unteren Devon nachgewiesen, die Rankenfußkrebse (Cirripedia) seit dem Silur.

Besondere Bedeutung als Fossilien haben die Muschelkrebse, deren sehr häufig in Sedimentgesteinen anzutreffenden Schalen wichtige Leitfossilien sind. Sie stellen seit ihrem ersten Auftreten im unteren Karbon einen wichtigen Bestandteil des Zooplanktons. Ebenfalls relativ häufig werden Fossilien der zu den Rankenfußkrebsen zählenden Seepocken (Balanidae) und Entenmuscheln (Lepiidae) gefunden.

Systematik der Krebse

Gemeinhin werden die Krebse als Schwestergruppe der Tracheentiere (Tracheata; Insekten und Tausendfüßer) betrachtet, diverse Autoren gehen jedoch davon aus, dass auch die Insekten und Tausendfüßer voneinander unabhängige Gruppen innerhalb der Krebse sind, dies wird primär auf der Ebene der Embryonalentwicklung diskutiert. Die früher als eigener Stamm eingestuften Zungenwürmer (*Pentastomida*) werden mittlerweile mit ziemlicher Sicherheit ebenfalls in die Krebse eingeordnet, primär durch molekulargenetische Vergleiche und ultrastrukturelle Untersuchungen des Spermienaufbaus.

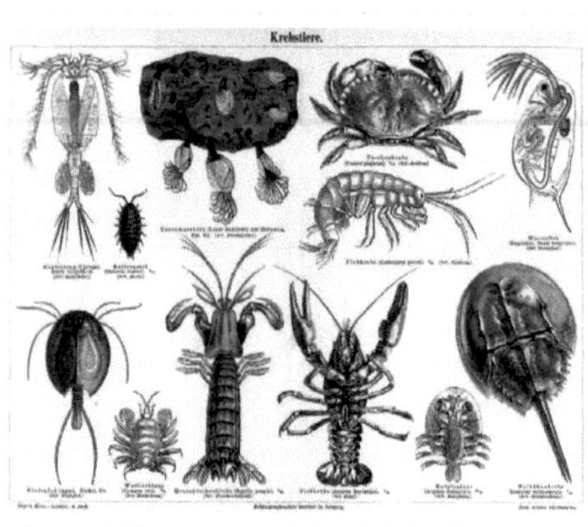

Vertreter wichtiger Gruppen der Krebstiere. Pfeilschwanzkrebse (rechts unten) gehören nicht zu den Krebsen sondern zu den Kieferklauenträgern. (Aus Meyers Konversations-Lexikon (1885-90))

Traditionell werden fünf hochrangige Taxa (Klassen) unterschieden:

- die Remipedia,
- die Kiemenfußkrebse (Branchiopoda),
- die Höhere Krebse (Malacostraca),
- die Muschelkrebse (Ostracoda) und
- die „Maxillopoda",

wobei die „Maxillopoda" sehr umstritten sind. Nach Ansicht einer großen Anzahl von Autoren sind letztere nur die Zusammenfassung all der Taxa, die nicht in die begründbaren monophyletischen Gruppen passen. Aus diesem Grund werden die „Maxillopoda" hier als formelle Gruppe behandelt und in Anführungszeichen gesetzt.

Die verwandtschaftlichen Beziehungen innerhalb der Krebse sind noch weitgehend ungeklärt und Gegenstand kontroverser Diskussionen. Viele Neufunde wie etwa die der höhlenbewohnenden Remipedia, der nur als Larven (Y-Larven) bekannten Facetotecta oder der Mikroparasiten der Gruppe Tantulocarida sowie Auflösung ehemals etablierter Taxa wie der „Cladocera" als paraphyletische Gruppe in mehrere Teiltaxa hat ebenfalls nicht zur Übersichtlichkeit beigetragen.

Strittig sind auch die verwandtschaftlichen Beziehungen der Klassen zueinander. Es gibt zwei Konzepte.

Beim **Malacostraca-Entomostraca-Konzept** sind die Malacostraca, die „höheren Krebse", die Schwestergruppe der „niederen Krebse" (Cephalocarida, Branchiopoda und „Maxillopoda"). Diese werden die wegen ihres beinlosen Abdomens und der palpenlosen Mandibeln als monophyletisches Taxon Entomostraca zusammengefasst [1] [2] .

Winkerkrabbe, ein Vertreter der „höheren Krebse"

Remipedia

Höhere Krebse (Malacostraca)

Cephalocarida

Crustacea

Entomostraca

Kiemenfußkrebse (Branchiopoda)

„Maxillopoda"

Beim **Maxillopoda-Thoracopoda-Konzept** sind die „Maxillopoda" die Schwestergruppe der Thoracopoda („Brustfüßer" (Cephalocarida, Branchiopoda und Malacostraca)), die vor allem durch ihren aus den Rumpfextremitäten gebildeten Filterapparat gekennzeichnet sind. Ihre Rumpfextremitäten (Thoracopoden) verloren dabei ihre Segmentierung und wandelten sich zu Blattbeinen (Phylopodien) um [1] [2] .

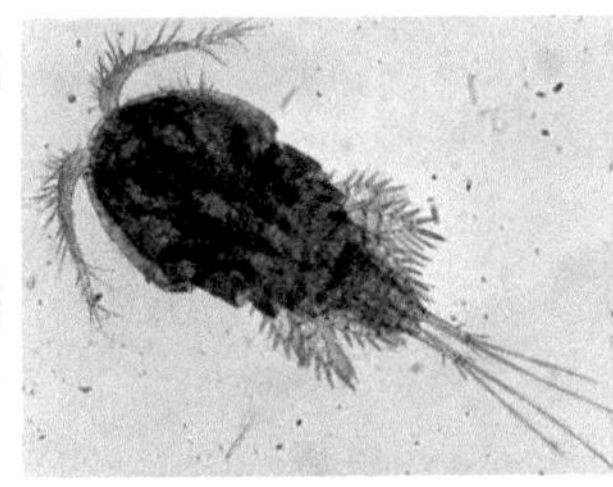

Ruderfußkrebs, ein Vertreter der „Maxillopoda"

Remipedia

„Maxillopoda"

Cephalocarida

Crustacea

Thoracopoda

Kiemenfußkrebse (Branchiopoda)

Höhere Krebse (Malacostraca)

Neuere Analysen benutzen das Sammeltaxon „Maxillopoda" nicht mehr, sondern gehen von elf Crustaceen-Klassen aus. Für die Anhänger der Pancrustacea-Theorie kommen als zwölfte Klasse noch die Sechsfüßer (Hexapoda), inclusive der Insekten hinzu. Die mögliche Verwandtschaft zeigt folgendes Kladogramm [2] :

Kiemenfüßer
Triops australiensis

Mauerassel *Oniscus asellus*

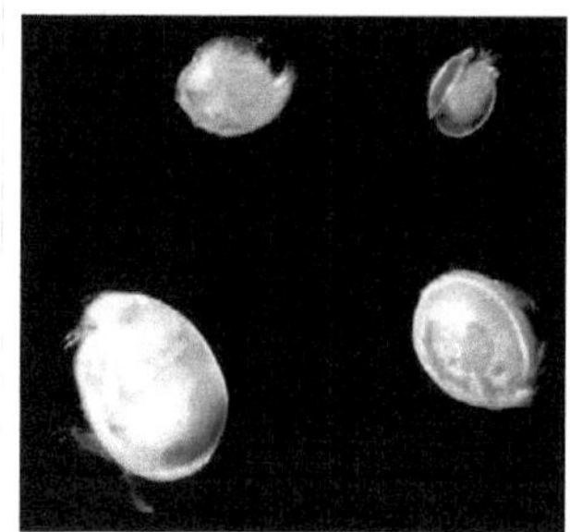

Muschelkrebse (Ostracoda)

Tausendfüßer (Myriapoda)

Ichthyostraca

Zungenwürmer (Pentastomida)

Fischläuse (Branchiura)

Kiemenfußkrebse (Branchiopoda)

Höhere Krebse (Malacostraca)

Ruderfußkrebse (Copepoda)

Mystacocarida

Pancrustacea

Remipedia

Cephalocarida

Muschelkrebse (Ostracoda)

Tantulocarida

Thecostraca

Sechsfüßer (Hexapoda)

Ökologische und wirtschaftliche Bedeutung der Krebse

In marinen und limnischen Ökosystemen nehmen die Krebse, vor allem die Kleinkrebse der Zooplanktons (Wasserflöhe, Ruderfußkrebse, Krillkrebse und andere), eine Schlüsselposition ein. Als Konsumenten ernähren sie sich vom pflanzlichen Plankton des Meeres und des Süßwassers und regulieren so den Pflanzenwuchs. Arten- und individuenmäßig stellen sie den größten Anteil der Zooplankter, entsprechend groß ist ihr Anteil an dieser Regulation. Gleichzeitig stellt das Zooplankton jedoch auch direkt oder indirekt die Nahrungsgrundlage sämtlicher Großorganismen (Fische, Meeressäuger, Kopffüßer etc.) der Meere und des Süßwassers, da sie von diesen entweder direkt gefressen werden oder als Nahrung für die größere Beute dienen.

Antarktischer Krill
(*Euphausia superba*)

Den Menschen dienen einige Arten der Krebse auch als direkte Nahrungsquelle. Vor allem die größeren Krebse wie Garnelen, Langusten, Flusskrebse und Hummer sind beliebte „Meeresfrüchte". Gefangen werden Krebstiere oft mit dem Krebskorb, einer speziellen Reuse für diese Tiere. Einige Arten werden mittlerweile in Shrimp-Farmen, einer besonderen Form der Aquakultur, kommerziell gezüchtet.

Viel größer ist jedoch die Bedeutung für den Menschen bei der Reinigung der Trinkwasservorräte. Die Kleinkrebse filtern Schwebstoffe, Bakterien und Einzeller sowie in diesen gebundene Giftstoffe aus dem Wasser der Reservoirs. Der materielle Schaden durch das Fouling (Bewachsen von Schiffsrümpfen mit Seepocken und Entenmuscheln, dadurch eine Erhöhung des Gewichts und des Fahrtwiderstandes), Holzschäden durch die Bohrassel an Holzstrukturen wie Stegen oder Ähnliches stellt dagegen nur eine relativ geringe Belastung dar.

Quellen

Literatur

- Peter Ax: *Das System der Metazoa.* Band 2. *Ein Lehrbuch der phylogenetischen Systematik.* SAV Spektrum Akademischer Verlag, Heidelberg 1999, ISBN 3-437-35528-7 (zuvor unter: *Systematik in der Biologie.* Darstellung der stammesgeschichtlichichen Ordnung in der lebenden Natur, UTB 1502 / G. Fischer, Stuttgart 1988, ISBN 3-437-20419-X erschienen).
- Hans-Eckhard Gruner: *Klasse Crustacea.* in: H.E. Gruner (Hrsg.): *Arthropoda (ohne Insecta).* Lehrbuch der Speziellen Zoologie. Band 1, 4. Teil. Gustav Fischer, Stuttgart / Jena 1993, ISBN 3-334-60404-7
- K. E. Lauterbach: *Zum Problem der Monophylie der Crustacea.* In: *Verhandlungen naturwiss. Verein Hamburg.* Keltern-Weiler 26.1983, 293–320, ISSN 0933-9353 [3]
- H. K. Schminke: *Crustacea, Krebse.* in: Westheide, Rieger (Hrsg.): *Spezielle Zoologie.* Teil 1. *Einzeller und Wirbellose Tiere.* Gustav Fischer, Stuttgart / Jena 1997, 2004, ISBN 3-8274-1482-2.
- Donald Thomas Anderson (Hrsg.): *Invertebrate Zoology*, 2nd Edition, Oxford University Press, USA 2002, Kap. 13, S. 292, ISBN 0-19-551368-1.
- Richard Stephen Kent Barnes u.a.: *The invertebrates – a synthesis.* Kap. 8.6. Blackwell, Malden MA 2001, S. 191, ISBN 0-632-04761-5.
- Richard C. Brusca, G. J. Brusca: *Invertebrates.* Kap. 16. Sinauer Associates, Sunderland Mass 2003, S. 511, ISBN 0-87893-097-3.
- J. Moore: *An Introduction to the Invertebrates.* Kap. 13. Cambridge University Press, Cambridge, MA 2001, S. 193, ISBN 0-521-77914-6.
- Edward E. Ruppert, R. S. Fox, R. P. Barnes: *Invertebrate Zoology – A functional evolutionary approach.* Kap. 19. Brooks/Cole, London 2004, S. 605, ISBN 0-03-025982-7.
- Joel W. Martin, George E. Davis: *An Updated Classification of the Recent Crustacea* [4]. In: *Science Series.* Natural History Museum of Los Angeles County, Los Angeles 39.2001, ISBN 1-891276-27-1, ISSN 0076-0943 [5]

Einzelnachweise

[1] Kurt Schminke: *Crustacea, Krebse*, Seite 565 in Wilfried Westheide & Reinhard Rieger (Hrsg., 2007): *Spezielle Zoologie - Teil 1: Einzeller und Wirbellose Tiere* (2. Aufl.). Elsevier, Spektrum Akademischer Verlag, München. ISBN 3-8274-1575-6

[2] Hynek Burda, Gero Hilken, Jan Zrzavý: *Systematische Zoologie*. UTB, Stuttgart; : 1. Aufl. 2008, Seite 187-188, ISBN 3-8252-3119-4

[3] http://dispatch.opac.d-nb.de/DB=1.1/CMD?ACT=SRCHA&IKT=8&TRM=0933-9353

[4] http://www.vims.edu/tcs/LACM-39-01-final.pdf

[5] http://dispatch.opac.d-nb.de/DB=1.1/CMD?ACT=SRCHA&IKT=8&TRM=0076-0943

Weblinks

- Crustacea-Sammlung im Museum für Naturkunde Berlin (http://www.museum.hu-berlin.de/home.asp?page=zool/samml/crus_rg01.htm)
- Krebstiere im „Tree of Life“-Projekt (http://tolweb.org/tree?group=Crustacea&contgroup=Arthropoda) (auf Englisch)
- Informationen zu Krebstieren des Australien Museum Sydney (http://www.crustacea.net/crustace/intro.htm) (auf Englisch)
- Einführung in die Krebstiere des Museum of Paleontology Univ. of Berkeley (http://www.ucmp.berkeley.edu/arthropoda/crustacea/crustaceamorpha.html) (auf Englisch)
- An Updated Classification of the Recent Crustacea (http://www.vliz.be/imisdocs/publications/121258.pdf) (auf Englisch; PDF-Datei; 757 kB)
- *ITIS Report Online-Abfrage „Eumalacostraca“ innerhalb der Crustacea.* (http://www.itis.gov/servlet/SingleRpt/SingleRpt?search_topic=TSN&search_value=89801) Integrated Taxonomy Information System, abgerufen am 27. Februar 2010 (englisch).

Brackwasser

Unter **Brackwasser** versteht man Fluss- oder Meerwasser mit einem Salzgehalt von 0,1 % bis 1 % (1 ‰ bis 10 ‰).

Im angelsächsischen Raum wird ein Salzgehalt (Salinität) zwischen 0,05 % und 1,8 %, teilweise auch 3 % angesetzt. Wasser mit geringerem Salzgehalt heißt Süßwasser, Wasser mit höherem Salzgehalt Salzwasser. Das Wort Brackwasser leitet sich vom niederdeutschen Wort *Brack* ab, das einen durch Deichbruch entstandenen See bezeichnet.

Ökologie

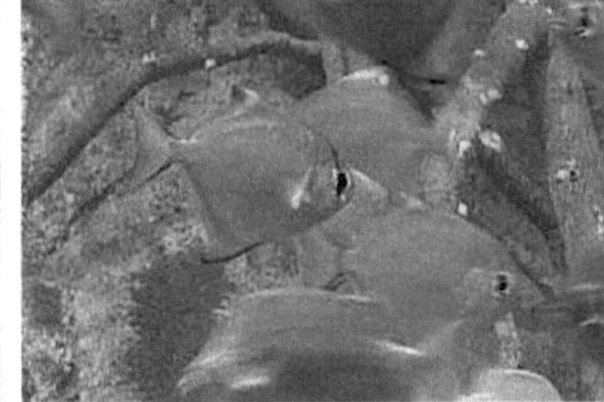

Das Silberflossenblatt ist ein Brackwasserfisch

Im Bereich von Flussmündungen im Meer entsteht durch die Durchmischung des süßen Flusswassers mit dem salzigen Meerwasser die so genannte Brackwasserzone. Diese zeichnet sich durch einen permanent wechselnden Salzgehalt aus und stellt somit an die dort lebenden Organismen stark erhöhte Anforderungen an die Regulation ihres Wasser- und Salzhaushaltes. Hier treffen sich – je nach Salzgehalt – süßwassertolerante Arten aus dem Meer und salzwassertolerante Arten aus dem Süßwasser. Einige Tier- und Pflanzenarten haben die Fähigkeit entwickelt, unter den Brackwasserbedingungen zu überleben, wie beispielsweise

- Fische: Flunder, Hecht, Zander, Stint
- Krebse: Chinesische Wollhandkrabbe, Schlickkrebs (*Corophium volutator*), Seepocke (*Balanus improvisus*), Garnelen (*Palaemon longirostris* und *Palaemonetes varians*), Meeresassel (*Jaera albifrons*)

- Schildkröten: Diamantschildkröte
- Weichtiere: Miesmuschel (*Mytilus edulis*)
- Polychaeten: Meeresringelwurm (*Nereis diversicolor*)
- Oligochaeten: *Nais elinguis*
- Blütenpflanzen: Gewöhnliche Strandsimse (*Bolboschoenus maritimus*)
- Schwimmkäfer *(Dytiscidae)*: Großer Uferfeuchtkäfer

Die Brackwasserzonen werden im Allgemeinen von nur wenigen hoch spezialisierten Arten, dafür aber in einer hohen Populationsdichte besiedelt. In diesem Ökosystem herrscht also eine hohe Individuendichte bei einer relativen Artenarmut (niedrige Biodiversität).

Vorkommen

Typische Brackwasserzonen findet man

- im Ostteil der Ostsee, insbesondere im Finnischen Meerbusen und dem Bottnischen Meerbusen
- im Südteil der Ostsee, der pommerschen Boddenlandschaft, insbesondere der Darß-Zingster Boddenkette und der Nordrügener Bodden.
- besonders ausgeprägt in den Mündungsbereichen der Tidenflüsse wie Elbe, Weser, Ems, Stör, Eider, Rhein, Severn, Seine oder Themse; hier kann sich die Brackwasserzone über eine Länge von mehr als 50 Kilometer erstrecken.
- in den untersten Mündungsbereichen von Tieflandflüssen wie Oder (Stettiner Haff) und Weichsel (Frisches Haff), die in die kaum von der Tide beeinflusste Ostsee münden.
- in der Umgebung von unterseeischen Quellen (beispielsweise an der Adriaküste in Kroatien)

Auch in den Tropen bilden sich Brackwasserzonen im Einflussbereich von Ästuaren; sie sind oft durch ausgedehnte Mangrovensümpfe gekennzeichnet.

Im Binnenland kann es durch Auslaugung von Salzlagerstätten zur Bildung von Brackwasser kommen. Dies kann sowohl natürlich erfolgen wie durch den Menschen (Bergbauabwässer von Salzbergwerken). Auf diese Weise wurden die Werra und Weser in der zweiten Hälfte des 20. Jahrhunderts im Ober- und Mittellauf zeitweise zu Brackwasserflüssen.

Siehe auch

- Mixohalin

Weblinks

- Links zum Thema Brackwasser [1] im Open Directory Project

References

[1] http://www.dmoz.org/World/Deutsch/Freizeit/Haustiere/Aquaristik/Brackwasser/

Malawisee

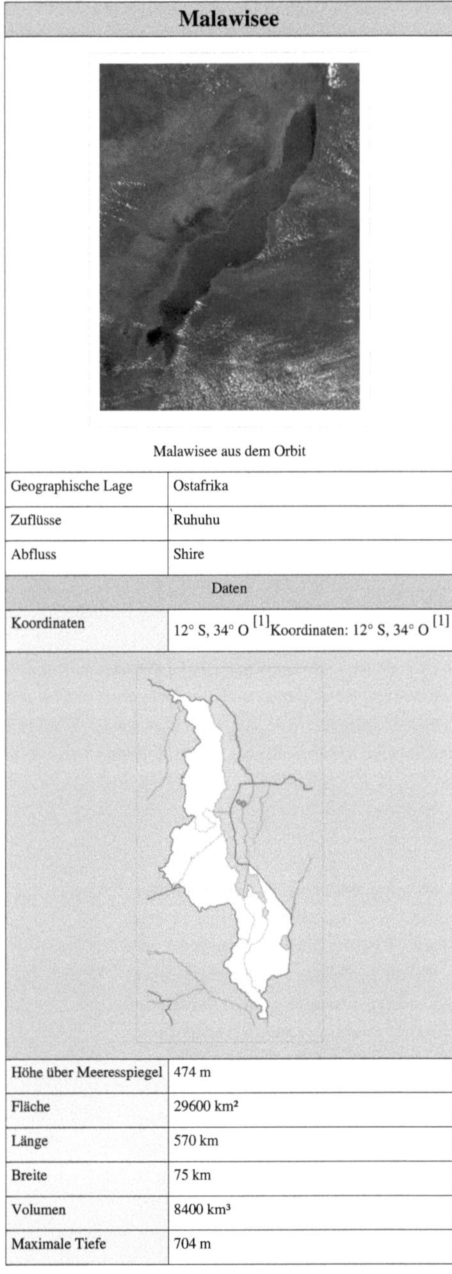

Malawisee	
Malawisee aus dem Orbit	
Geographische Lage	Ostafrika
Zuflüsse	Ruhuhu
Abfluss	Shire
Daten	
Koordinaten	12° S, 34° O [1]Koordinaten: 12° S, 34° O [1]
Höhe über Meeresspiegel	474 m
Fläche	29600 km²
Länge	570 km
Breite	75 km
Volumen	8400 km³
Maximale Tiefe	704 m

Mittlere Tiefe	292 m
Besonderheiten	Fischartenreichster See der Erde

Der **Malawisee** (genannt **Nyassa**, **Nyasa** in Tansania, **Niassa** in Mosambik; auch im Deutschen **Nyasasee** genannt, von Yao *nyasa* „See") in Ostafrika ist der neuntgrößte See der Erde. Sein Abfluss ist der Shire. Die Anrainerstaaten des Sees sind Tansania, Malawi und Mosambik.

Beschreibung

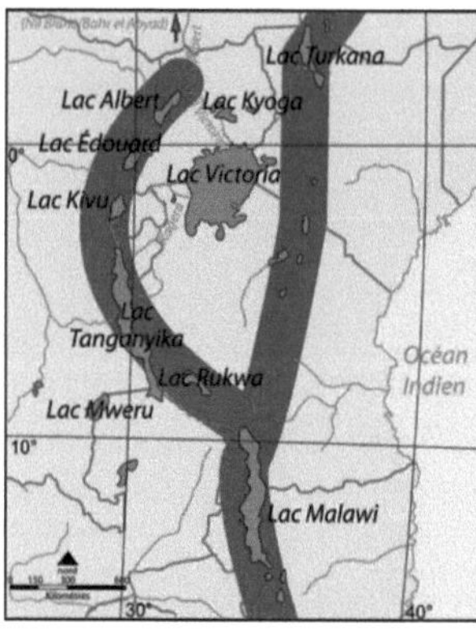

Lage des Malawisees im Süden des ostafrikanischen Grabenbruchsystems

Mit einer Länge von 560 Kilometern, einer Breite bis zu 80 Kilometern (durchschnittlich 50 Kilometern) und einer Tiefe von bis zu 704 Metern ist der Malawisee einer der größten Afrikanischen Großen Seen im Ostafrikanischen Grabenbruch. Er wird dort hinsichtlich seiner Fläche nur vom Tanganjikasee und vom Viktoriasee übertroffen.

Das Wasser des Sees ist sehr klar. Am Seeufer lässt sich bis auf den Grund schauen. Unzählige Seeadler leben am Malawisee. Zu achten ist vor allem auf Flusspferde, die zu Wasser wie zu Lande sehr beweglich und schnell sind. Sie sind zwar Pflanzenfresser, greifen Menschen aber an, wenn sie ihnen den Fluchtweg ins offene Wasser abschneiden. Sie versuchen ihre Opfer unter Wasser zu ziehen und zu ertränken. Es kommen jedes Jahr mehr Menschen durch Nilpferde zu Tode als durch Krokodile, die im fischreichen See genug Nahrung finden. Wer zu kleineren, unbewohnten Inseln fährt, sollte auf Wildtiere gefasst sein, darunter Seepythons und große Warane. An bewohnten Stellen ist der See vergleichsweise ungefährlich.

Nach Norden hin werden die Ufer steiler. Ganz im Norden ragen auf tansanischer Seite die Livingstone-Berge mit Steilwänden bis zu fast 2.500 Metern Höhe direkt aus dem See. Hier können sehr starke Winde mit hohem Wellengang und tückische Fallwinde auftreten. Wer hier segelt oder windsurft, muss diese Gefahren beachten. Die gegenüberliegende malawische Seeseite zwischen Karonga und Chilumba ist weit weniger schroff als die zwischen Chilumba und Nkhata Bay.

Fauna

Unterwasseraufnahme von Buntbarschen (Mbuna) im Malawisee in ihrem Biotop, dem Felslitoral

Der Malawisee ist für seinen Artenreichtum an maulbrütenden Buntbarschen bekannt. Insgesamt leben fast 450 Fischarten in dem See, die meisten sind Buntbarsche. Fast alle Buntbarschgattungen und -arten sind endemisch. Zu den endemischen Buntbarschgattungen gehören *Aulonocara*, *Labeotropheus*, *Labidochromis*, *Maylandia*, *Melanochromis*, *Pseudotropheus* und *Sciaenochromis*. Sie bilden einen Artenschwarm, der aus einem *Haplochromis* oder *Pseudocrenilabrus*-artigen Vorfahren hervorgegangen ist. Die ökologisch an die felsigen Küsten des Sees gebundenen Buntbarscharten werden von den Bewohnern des Seeufers Mbuna genannt, die übrigen Utaka. Neben den Buntbarschen kommen im Malawisee Nilhechte, verschiedene Welsarten, Karpfenfische, Salmler, ein Stachelaal (*Mastacembelus shiranus*) und drei Arten von Zahnkärpflingen vor.[2] [3]

Viele Buntbarsche sind beliebte Aquarienfische. Für die menschliche Ernährung von Bedeutung sind der Chambo, eigentlich vier Buntbarscharten der Gattung *Oreochromis*, und der Kampango, cinc Wclsart (*Bagrus meridionalis*), die auch exportiert werden. Allerdings wird nur der südlichste Teil des Malawisees wirtschaftlich nach ihnen befischt. Auch Fischer in Pirogen angeln nach ihnen, nicht jedoch in markttauglichen Mengen. Zum Schutz der Brutstätten der Fische wurde 1980 am Südufer des Sees bei Monkey Bay der Malawisee-Nationalpark eingerichtet, der seit 1984 auch auf der Liste des UNESCO-Weltnaturerbes steht.

Tourismus

Seepanorama von der Insel Likoma aus gesehen

Auf dem Malawisee findet Passagier- und Frachtverkehr mit der *MS Ilala* statt. Die Häfen sind von Süden nach Norden: Monkey Bay, Chipoka, Makanjila, Nkhotakota, Nkhata Bay, Mphandi Port, Ruarwe, Charo, Mlowe, Chilumba, Kambwe bei Karonga. Die Hin- und Rückfahrt Monkey Bay–Karonga dauert fünf Tage. Von Nkhata Bay werden zweimal wöchentlich die Inseln Chizumulu und Likoma angelaufen.

Der Distrikt Mangochi bietet mit zahlreichen Hotels, Lodges und Camps für Touristen die beste Infrastruktur. Weiter nördlich befindet sich der Badeort Senga mit ähnlich gutem, doch weit weniger umfassendem Angebot. Bei Rucksacktouristen haben sich Nkhata Bay und Cape MacLear als Ziele etabliert.

Monkey Bay am Südufer des Malawisees mit ortstypischen Booten

Der Malawisee ist nur teilweise frei von Bilharziose. Als Grund für das im Vergleich zu anderen afrikanischen Seen geringere Vorkommen von *Schistosoma*-Larven im Wasser wird ein hoher Magnesiumgehalt des Wassers vermutet, aber auch, weil Buntbarsche Schnecken, also das Wirtstier des Schistosomiasis-Erregers fressen. Es handelt sich um Spekulationen. Mit einer gewissen Wahrscheinlichkeit kommen *Schistosoma* allgemein in seichtem Wasser und an Flussmündungen zahlreicher vor, als an Sandstränden, in bewegtem und in tiefem Wasser. Für den Malawisee wurden bei Wasseruntersuchungen regional, abhängig von der Ufervegetation, Wassertiefe und anderen Faktoren unterschiedliche Konzentrationen des Erregers festgestellt. Jährlich werden zahlreiche Einheimische und Touristen von *Schistosoma* infiziert, wobei das höchste Risiko einer Erkrankung um Cape MacLear besteht.[4] Vor 1985 waren die offenen Teile des Sees frei von Schistosomiasis-Erregern, seitdem hat deren Vorkommen, vor allem im Süden, stark zugenommen. Möglicherweise ist die Überfischung der Buntbarsche eine Ursache.[5]

Geschichte

Der Malawisee wurde von dem britischen Entdeckungsreisenden David Livingstone und seinen Begleitern am 16. September 1859 "entdeckt".

In der Kolonialzeit wurde eine Eisenbahnlinie von Mtwara am Indischen Ozean nach Mbamba Bay am Malawisee geplant, doch wurde der Plan nicht verwirklicht. Heute gibt es noch immer Pläne, die Eisenbahnstrecke, die sogenannte Mtwara Development Corridor zu bauen, um Kohlevorkommen im Mchuchuma-Katewakegebiet zu erschließen sowie eine alternative Seeverbindung für Malawi zu schaffen.

Nkhotakota ist einer der ältesten Marktplätze Afrikas südlich der Sahara. Seine Geschichte ist wenig erforscht.

Bei Karonga liegt der Fundort des ältesten zur Gattung *Homo* gestellten Fossils, das bisher von Paläoanthropologen entdeckt wurde. Der mehr als zwei Millionen Jahre alte, bezahnte Unterkiefer erhielt die Archivnummer UR 501 und wurde von seinem Entdecker, Friedemann Schrenk, als *Homo rudolfensis* eingeordnet.

Einzelnachweise

[1] http://toolserver.org/~geohack/geohack.php?pagename=Malawisee&language=de¶ms=12.1833333333_S_34.3666666667_E_dim:570000_region:MW/MZ/TZ_type:waterbody&title=Malawisee

[2] Fishbase Species in Lake Malawi (http://filaman.ifm-geomar.de/trophiceco/FishEcoList.php?ve_code=12)

[3] Petru Banaescu: *Zoogeography of Fresh Waters.* Seite 1152, AULA, Wiesbaden 1990, ISBN 3-89104-480-1

[4] Martin J. Genner und Ellinor Michel: *Fine-scale habitat associations of soft-sediment gastropods at Cape MacLear, Lake Malawi.* Journal of Molluscan Studies, London 2003 (http://www.malawicichlids.com/genner_michel_2003.pdf)

[5] J.R. Stauffer, H. Madsen, K. McKaye u. a.: *Schistosomiasis in Lake Malawi: Relationship of Fish and Intermediate Host Density to Prevalence of Human Infection.* EcoHealth Journal 2006 (http://www.sfr.cas.psu.edu/courses/nsf/EcoHealth - Schisto.pdf)

Weblinks

- David H. Eccles: *An outline of the physical limnology of Lake Malawi.* Limnology and Oceanography, Bd. 19, 5, September 1974, S. 730–742 (http://www.nospam.aslo.org/lo/toc/vol_19/issue_5/0730.pdf) (PDF-Datei; 1,21 MB)

Tansania

Jamhuri ya Muungano wa Tanzania (Swahili)
Vereinigte Republik Tansania

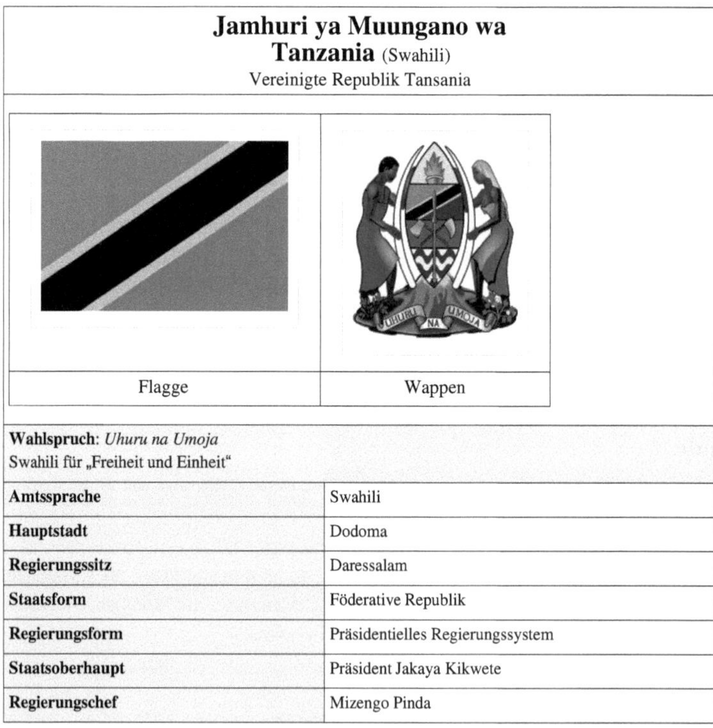

Flagge	Wappen

Wahlspruch: *Uhuru na Umoja*
Swahili für „Freiheit und Einheit"

Amtssprache	Swahili
Hauptstadt	Dodoma
Regierungssitz	Daressalam
Staatsform	Föderative Republik
Regierungsform	Präsidentielles Regierungssystem
Staatsoberhaupt	Präsident Jakaya Kikwete
Regierungschef	Mizengo Pinda

Fläche	945.087 km²
Einwohnerzahl	41.048.532 (Stand Juli 2009)
Bevölkerungsdichte	39 Einwohner pro km²
Bruttoinlandsprodukt nominal (2007)[1]	16.184 Mio. US$ (98.)
Bruttoinlandsprodukt pro Einwohner	415 US$ (161.)
Human Development Index	0.398 (148.)[2]
Währung	Tansania-Schilling
Unabhängigkeit	vom Vereinigten Königreich am 9. Dezember 1961
Nationalhymne	*Mungu ibariki Afrika*
Zeitzone	UTC+3
Kfz-Kennzeichen	EAT
Internet-TLD	.tz
Telefonvorwahl	+255

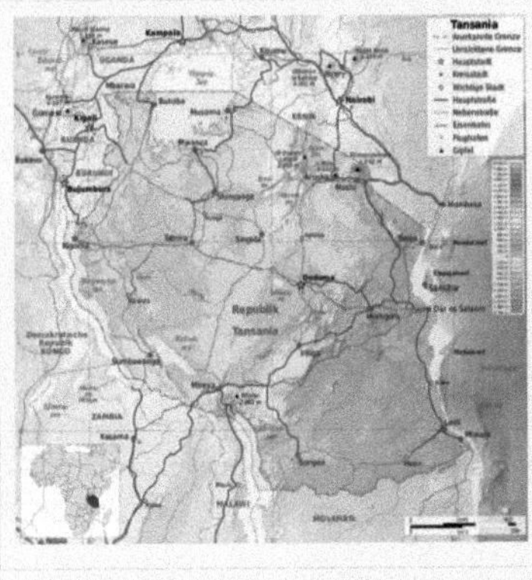	

Kibo, der höchste Berg Afrikas

Tansania (amtlich *Vereinigte Republik Tansania*, auf Swahili: *Jamhuri ya Muungano wa Tanzania*) ist ein Staat in Ostafrika. Es liegt am Indischen Ozean und grenzt an Kenia und Uganda im Norden, Ruanda, Burundi und die DR Kongo im Westen und Sambia, Malawi und Mosambik im Süden.

Tanganjika (das Festlandgebiet mit der Insel Mafia umfassend) wurde 1961 von der Mandatsmacht Großbritannien unabhängig und verband sich 1964 mit Sansibar (Inseln Pemba und Unguja) zu *Tansania*, dessen Landesname aus *Tan*ganjika, *San*sibar sowie der Bezeichnung Az*ania* zusammengesetzt ist. Die rund 41 Millionen Tansanier sprechen über 100 verschiedene Sprachen, größtenteils Bantu-, daneben auch nilotische, kuschitische Sprachen, Arabisch sowie indische Sprachen. Hauptstadt des Staates ist Dodoma, Regierungssitz und größte Stadt ist Daressalam.

Geographie

Das tansanische Festland besteht aus einer 16 bis 64 Kilometer breiten Küstenebene mit tropischer Vegetation, der 213 bis 1067 Meter hoch gelegenen Massai-Savanne im Norden und einem Hochplateau im Süden (900–1200 Meter), das bis zum Malawisee reicht. Der Zentralafrikanische Graben berührt Tansania im Westen, der Ostafrikanische Graben verläuft zentral durch das Land. Zeugen der geologischen Vorgänge in dieser tektonischen Bruchzone sind riesige Krater und Vulkane wie der Mount Rungwe (2960 m), der Mount Meru (4562 m) und der höchste Berg Afrikas, der Kibo (5895 m). Das Staatsgebiet von Tansania grenzt an drei der größten Seen Afrikas: im Norden an den Viktoriasee, im Westen an den Tanganjikasee und im Süden an den Malawisee. Im Nordwesten Tansanias liegt die Serengeti (Massai-Sprache: „weites Areal“, „große Ebene“, „unendliches Land“), einer der bekanntesten Nationalparks Afrikas.

Feucht- und Trockensavannen mit Schirmakazien und Baobab-Bäumen dominieren einen Großteil Tansanias. Halbwüsten und Küstenebenen (zum Teil mit Mangrovensümpfen) machen die übrige Landschaft aus.

Entlang der flachen Küste Tansanias herrscht ein tropisches Klima, während in den Bergen im Norden, Süden (Mbeya-Range, Poroto-Berge, Livingstone-Berge, Kipengere-Berge, Kitulo-Plateau) und Westen das Klima gemäßigt ist. Im Nordosten des Landes, unweit der Grenze zu Kenia, erhebt sich das höchste Bergmassiv Afrikas, das Kilimandscharo-Massiv, dessen höchste Stelle – der *Uhuru Peak* – auf dem Berg Kibo 5895 m ü. NN liegt.

Bevölkerung

Tansania weist ein starkes Bevölkerungswachstum auf. Die zusammengefasste Fruchtbarkeitsziffer liegt bei 5,3 Kindern pro Frau. Derzeit sind etwa 44 Prozent der Menschen unter 15 Jahre alt, so dass mit einem weiteren Bevölkerungsanstieg zu rechnen ist. Zugleich muss man aufgrund weit verbreiteter Armut und der relativ hohen Verbreitung von AIDS von einer hohen Sterblichkeitsrate ausgehen.

Ethnische Gliederung

Die Bevölkerung auf dem Festland besteht zu 99 Prozent aus Schwarzafrikanern – darunter 95 % Bantu –, die über 130 verschiedenen Ethnien angehören.[3] Größte einzelne Volksgruppe sind die Sukuma (12 % der Bevölkerung); alle übrigen stellen jeweils um die 5 %. Nächstgrößere Volksgruppen sind die Nyamwezi – die wie die Sukuma im besonders dicht besiedelten Gebiet um den Viktoriasee leben – (etwa 9 %), die Hehet/Bena (8 %), die Haya (etwa 7 % der Gesamtbevölkerung), die Swahili an der Küste (6 %), die Chagga am Kilimandscharo (etwa 6 %) und die Makonde im Süden.[4] Die Massai stellen etwa 3 % der Bevölkerung.

Seit Jahrhunderten gehören zur Bevölkerung auch Menschen, deren Vorfahren aus Arabien und dem seinerzeit unter britischer Herrschaft stehenden Indien einwanderten. Es leben auch noch wenige Nachfahren europäischer Siedler im Lande. Hinzu kommen Ausländer, unter ihnen 431.000 Flüchtlinge aus Burundi und 96.000 aus der DR Kongo.[5]

Sprachen

In Tansania werden insgesamt 128 verschiedene Sprachen gesprochen.[6] Etwa 90 Prozent der Einwohner sprechen Bantusprachen; des Weiteren werden im nördlichen Teil des Landes nilotische Sprachen, südkuschitische Sprachen, die Khoisan-Sprachen Hadza und Sandawe und insbesondere auf Sansibar Arabisch gesprochen. Somit sind in Tansania alle vier großen Sprachgruppen Afrikas vertreten. Es gibt keine *de jure* festgelegte Amtssprache, allerdings ist Swahili die Nationalsprache, die als lingua franca und für offizielle Angelegenheiten verwendet wird und damit *de facto* die Amtssprache darstellt.

Die deutsche Kolonialverwaltung förderte maßgeblich die Verwendung einer „Landessprache", eben Swahili. Swahili wurde vom ersten Präsidenten Julius Nyerere als „nationale Sprache" deklariert, ohne dass dies je gesetzlich fixiert wurde; Publikationen der Regierung nennen es auch „offizielle Sprache".[7] Das Englische, das während der britischen Herrschaft zur Verwaltung des Mandatsgebietes verwendet wurde, wird heutzutage nicht mehr im öffentlichen Dienst, im Parlament oder in der Regierung verwendet[8] und ist daher keine Amtssprache im engeren Sinne; Tansania gehört damit zu den wenigen afrikanischen Staaten, in denen einheimische Sprachen gegenüber der Kolonialsprache an Bedeutung gewannen. Englisch ist aber weiterhin Gerichtssprache der höheren Gerichte.[8]

Laut der offiziellen Sprachpolitik Tansanias, wie sie 1984 verkündet wurde, ist Swahili die Sprache des gesellschaftlichen und politischen Bereichs, der Grundschulbildung sowie der Erwachsenenbildung; das Englische ist für die Bereiche der höheren Schulbildung, der Universitäten, der höheren Gerichte und der Technologie vorgesehen.[8] Obwohl der Gebrauch des Englischen in Tansania mit Millionenbeträgen von der Regierung Großbritanniens gefördert wird,[8] wurde das Englische in den letzten Jahrzehnten immer weiter aus dem gesellschaftlichen Leben zurückgedrängt. So haben sich noch in den 1970er Jahren tansanische Studenten untereinander gewöhnlich auf Englisch unterhalten; heutzutage unterhalten sie sich untereinander fast nur noch auf Swahili. Selbst der Unterricht an weiterführenden Schulen und Universitäten, der offiziell ausschließlich auf Englisch sein sollte, wird manchmal auf Swahili oder auf einem Swahili-Englisch-Gemisch gegeben.

Religionen

Der Norden und das Küstengebiet sowie die ehemaligen Karawanenstraßen sind größtenteils bis stark islamisch geprägt. Zwischen 30 und 40 Prozent der Bevölkerung sind Muslime (auf Sansibar mindestens 98 Prozent). Im Binnenland von Tansania hat sich das Christentum sehr verbreitet und ebenfalls zwischen 30 und 40 Prozent sind christlich, die meisten davon katholisch. Die Missionsbenediktiner von St. Ottilien unterhalten im Süden des Landes sechs Klöster und haben damit die Römisch-katholische Kirche in Tansania geprägt. Auf protestantischer Seite spiegelt sich die deutsche Kolonialvergangenheit und damit zusammenhängende Missionsgeschichte in der starken Stellung der Lutheraner, die die größte evangelische Kirche im Lande darstellen, sowie der Herrnhuter (*Moravian Church*) wieder. Während der britischen Kolonialzeit breiteten sich die Anglikaner sowie von Kenia her die Africa Inland Church aus. Die evangelischen Kirchen sind geistlich durch die Walokolebewegung (*East African Revival*) mehr oder minder stark beeinflusst worden, die in jüngerer Vergangenheit auch einen günstigen Nährboden für die Vermehrung charismatischer und pfingstlerischer Gruppen darstellte. Überall finden sich noch Anhänger der traditionellen Religionen, deren Riten oft auch von Christen und Muslimen mitbeachtet werden.

Seit den 1960er Jahren wird die Frage nach der Religionszugehörigkeit als brisant angesehen und nicht mehr bei Volkszählungen erfragt. Lange Zeit wurde die Verteilung weiterhin mit je einem Drittel Muslime, Christen und Anhängern von Naturreligionen angegeben (so etwa noch heute bei Britannica online[9]), was wohl eher politische Raison als statistisch korrekt war. In der Literatur wird teils ein Gleichgewicht zwischen Christen und Muslimen bei verringertem Anteil der Anhänger traditioneller Religionen, teils ein Übergewicht entweder der Christen oder der

Muslime angegeben.[10]

Soziale Lage

Bildung

Es gibt in Tansania mehrere Universitäten und andere höhere Bildungseinrichtungen. Die bekannteste Universität ist die University of Dar es Salaam. Andere wichtige Universitäten sind die Sokoine University of Agriculture sowie die Hubert Kairuki Memorial University. Die evangelisch-lutherische Kirche in Tansania unterhält die Tumaini University, eine Universität mit drei Standorten. Die Römisch-katholische Kirche unterhält den Hochschulverbund der St.-Augustinus-Universität Tansania (SAUT).

Es gibt mehrere internationale Schulen. Im Norden Tansanias gibt es eine Schule mit einem Abzweig, die *International School Moshi* mit dem Abzweig in Arusha. In Moshi gibt es ein Schulsystem vom Kindergarten bis IB2, in Arusha nur bis S5.[11]

Gesundheitsversorgung

Die durchschnittliche Lebenserwartung bei der Geburt wird mit 52,85 bis 56,9 Jahren angegeben [2] [12] . Die Säuglingssterblichkeit beträgt 75 pro 1.000 Geburten, die Müttersterblichkeit 950 pro 100.000 Geburten. 43 % der Geburten können medizinisch betreut werden. 20 % der Frauen stehen moderne Verhütungsmittel zur Verfügung.[13]

Epidemien

Etwa 60.000 Tansanier sterben jährlich an den Folgen einer Malaria-Erkrankung. Ebenfalls stellt eine Malaria-Erkrankung die häufigste Todesursache bei Kindern dar. 75% der Bevölkerung leben in Gebieten, die mehr als 6 Monate im Jahr als gefährdet gelten. Hierzu zählt insbesondere die gesamte Küstenregion mit den vorgelagerten Inseln sowie der Bereich um den Victoria-See.[14]

Schätzungsweise 6,2 Prozent der erwachsenen Einwohner sind mit dem HI-Virus infiziert (Stand 2008).[13] Mädchen in Tansania müssen oft die Schule früh verlassen, ihre Chancen auf einen qualifizierten und gut bezahlten Arbeitsplatz sind sehr gering. Viele dieser in Armut lebenden jungen Frauen werden misshandelt oder gar sexuell missbraucht und infizieren sich so mit dem HI-Virus.

Geschichte

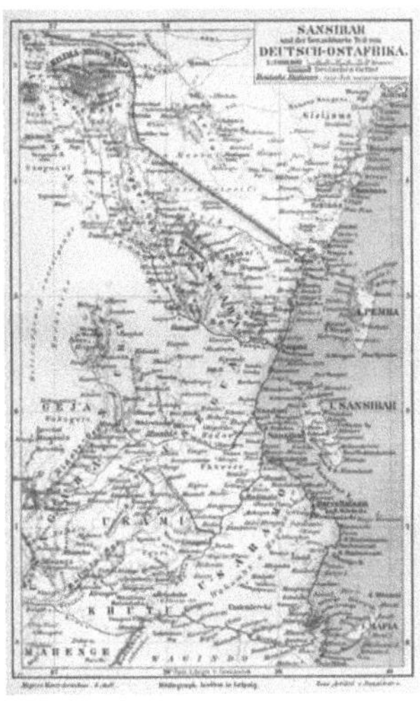

Historische Karte (um 1888)

Die Küstenregion Ostafrikas war bereits seit Anfang unserer Zeitrechnung Teil eines Fernhandelssystems, in dem es durch Segelschiffe mit dem Roten Meer verbunden war. Etwa ab dem 8. bis 9. Jahrhundert breitete sich die Swahilikultur an der Küste aus, die aus Handelsstützpunkten eine Kette von islamisch geprägten Städten längs der Küste hervorbrachte. Diese Siedlungen erstreckten sich bis nach Mosambik. Auf tansanischem Gebiet war vom 14. bis zum 16. Jahrhundert Kilwa Kisiwani der Hauptort. Das Eindringen der Portugiesen von Süden her, die in Ostafrika Zwischenstationen auf ihrem Verbindungsweg nach Indien errichteten, brachte eine erhebliche Störung dieses Handels mit sich. Nach Verdrängung der Portugiesen aus dem kenianisch-tansanischen Küstenraum wurde Oman zur vorherrschenden Küstenmacht.

Seit dem 18. Jahrhundert übte die Küstenzivilisation durch Karawanenhandel und den damit einhergehenden Sklavenhandel erheblichen Einfluss auf das Binnenland aus.

Im 19. Jahrhundert verlagerte der Sultan von Oman seine Hauptstadt nach Sansibar und intensivierte damit seinen Einfluss auf Küste und Hinterland. Ab 1885 erwarb die Gesellschaft für deutsche Kolonisation Ansprüche auf Teile des Binnenlandes und versuchte, eine Kolonie zu begründen. Ihre Herrschaft brach 1888 im Aufstand der ostafrikanischen Küstenbevölkerung zusammen, woraufhin das Deutsche Reich mit militärischen Kräften die Gebiete eroberte, aus denen dann die Kolonie Deutsch-Ostafrika wurde, die neben dem heutigen Festlandstansania auch Ruanda und Burundi umfasste. Während des Ersten Weltkriegs leistete die deutsche Schutztruppe unter der Führung von Paul von Lettow-Vorbeck bis Kriegsende Widerstand gegen die alliierten Truppen. Die Kolonie wurde ab 1916 von britischen und belgischen Truppen erobert und anschließend unter den Siegern aufgeteilt.

Das tansanische Festlandsgebiet kam als *Tanganyika Territory* unter britische Herrschaft und wurde als Völkerbundsmandat (nach dem Zweiten Weltkrieg als Treuhandgebiet der UNO) verwaltet.

Am 9. Dezember 1961 erhielt Tanganjika die Unabhängigkeit vom Vereinigten Königreich. Kurz nach der Unabhängigkeitserklärung von Sansibar am 10. Dezember 1963 verbanden sich Tanganjika (*Tan*) und Sansibar (*San*) und gründeten am 26. April 1964 die *Vereinigte Republik Tansania.* Erster Staatspräsident wurde Julius Kambarage Nyerere von der Tanganyika African National Union (TANU). Auf Anregung von Nyerere fusionierten 1977 die TANU und die Afro-Shirazi Party (ASP) Sansibars zur Chama Cha Mapinduzi (kurz CCM, deutsch: „Partei der Revolution"). Nyerere und seine Anhänger strebten den Aufbau einer sozialistischen Gesellschaft in Tansania an, verstaatlichten die Banken, führten Bildungs- und Landreformen durch.

Ziel Nyereres war ein spezifisch afrikanischer Sozialismus in Abgrenzung zu den autoritären Sozialismusmodellen nach dem Vorbild der Sowjetunion. Vorbild für die sozialistische Umgestaltung Tansanias sollte stattdessen die „Ujamaa", die Dorfgemeinschaft als Produktions- und Verteilungskollektiv, sein. Die Ausweitung des Ujamaa-Modells auf größere Produktionseinheiten scheiterte allerdings und mit der Verschlechterung der wirtschaftlichen Rahmenbedingungen auch die sozialistische Vision Nyereres. Er trat 1985 als Staatspräsident und 1990 als Parteivorsitzender zurück.

1992 endete das Einparteiensystem, 1995 fanden zum ersten Mal seit den 1970er Jahren demokratische Wahlen statt, bei denen jedoch die vorherige Regierungspartei CCM ihre Stellung behaupten konnte. 1999 verstarb Nyerere.

Politik

Tansania ist eine Präsidialrepublik: Der in allgemeinen Wahlen alle fünf Jahre gewählte Staatspräsident bestimmt die Politik. Er ernennt den Premierminister sowie die Minister des Kabinetts. Dem Präsidenten zur Seite steht der Vizepräsident, derzeit Ali Mohamed Shein, offiziell sein Stellvertreter, aber eher mit repräsentativen Aufgaben betraut und Edward Lowassa, der den seit 1995 amtierenden Frederick Sumaye von der CCM als Ministerpräsident ablöste. Seit 2005 ist Jakaya Kikwete Staatspräsident.

Parteien

Trotz des von der Verfassung seit 1992 garantierten Mehrparteiensystems kommt den Oppositionsparteien auf dem Festland nur eine geringe Bedeutung zu, da bei den Parlamentswahlen von 1995 und 2000 die Partei vom damaligen Staatspräsident Benjamin Mkapa, CCM, über 80 Prozent der Stimmen in der Nationalversammlung von Tansania erhielt. Die Oppositionsparteien standen nach der Wahl 2005 stark geschwächt und zersplittert da. Anders als die frühere sozialistische Einheitspartei CCM, die landesweit gut organisiert ist, verfügten sie kaum über nennenswerte Strukturen außerhalb ihrer wenigen Hochburgen (die liberal ausgerichtete Civic United Front (CUF) in Sansibar und den islamisch dominierten Gebieten an der Küste, Tanzania Labour Party (TLP) und Party for Democracy and Progress (CHADEMA) in Kilimandscharo sowie UDP in Zentraltansania).[15] Vor allem aus der eigenen Partei aber gibt es Widerstand gegen den Präsidenten und seine Minister. Kritik von mächtigen Interessengruppen innerhalb der eigenen Partei hat schon häufiger amtierende Minister das Amt gekostet.

Sowohl in der CCM als auch der CUF gibt es Politiker, die die Einheit Tansanias erhalten wollen, beide Parteien haben aber auch sezessionistische Flügel. Die Vertreter der Einheit des Landes dominieren derzeit in beiden Parteien (Stand 2010). Nachdem die Spitzenkandidatur der CHADEMA zur Wahl 2010 auf Wilbrod Slaa übergegangen war, gewann dessen Partei an Popularität.

Wahlen

Die ersten beiden Wahlen, die unter dem Mehrparteiensystem durchgeführt wurden (1995, 2000) standen unter dem Vorwurf massiver Wahlfälschungen. Insbesondere die Anhänger der CUF fühlen sich um ihren vermeintlichen Wahlsieg betrogen. Nach den Wahlen 2000 starben etwa 30 CUF-Anhänger bei Auseinandersetzungen mit den Sicherheitskräften – eine in Tansania bislang ungekannte Gewalteskalation. Nach langen Verhandlungen einigten sich CUF und CCM auf ein Versöhnungsabkommen (*Muafaka*), das teilweise umgesetzt wurde. Trotz Annäherung und Kooperation der beiden Parteien gibt es auf beiden Seiten Hardliner, die sich deutlich radikalisiert haben.

Nach harten internen Machtkämpfen während der Kandidatenauswahl erhielt bei der Wahl 2005 die ehemalige Einheitspartei CCM erneut die Mehrheit. Mit dieser Wahl übernahm Jakaya Kikwete das Amt des Staatspräsidenten und festigte die Macht der CCM.

Am 31. Oktober 2010 fanden erneut Präsidentschafts- und Parlamentswahlen statt. Für die CCM unter Kikwete wurden Verluste zugunsten der von Slaa geführten CHADEMA vorhergesagt.[16] Kikwete wurde mit rund 61 Prozent der Stimmen wiedergewählt, Slaa erhielt etwa 26 Prozent, Ibrahim Lipumba von der CUF rund 8 Prozent. Kikwete legte am 7. November 2010 für weitere fünf Jahre den Amtseid ab.[17]

Menschenrechte

In den Gefängnissen auf dem tansanischen Festland sowie auf der Insel Sansibar herrschten harte Haftbedingungen, und es gingen Berichte bei Amnesty International über Folterungen und andere Misshandlungen ein. Gewalt gegen Frauen und Mädchen war weit verbreitet. Die meisten Täter wurden nicht zur Rechenschaft gezogen. Der UN-Menschenrechtsausschuss äußerte sich besorgt über die anhaltende, weit verbreitete Gewalt gegen Frauen, insbesondere über das Ausmaß häuslicher Gewalt und das Fehlen konkreter, effektiver Maßnahmen zur Bekämpfung der Genitalverstümmlung.[18] Viele Kinder haben aufgrund von HIV-Erkrankungen ihre Eltern verloren. Sie müssen arbeiten oder sich um jüngere Geschwister kümmern. Laut Angaben des Kinderhilfswerks UNICEF müssen rund 36 % aller Kinder bis zu 14 Jahren Arbeit verrichten. In ländlichen Gegenden müssen 12- bis 14-jährige zum Teil 14 bis 17 Stunden am Tag, sechs Tage in der Woche auf Plantagen arbeiten. Dafür erhalten sie nur die Hälfte des Lohnes eines Erwachsenen. Auch Dienstmädchen arbeiten durchaus 16 bis 18 Stunden täglich. Kinderprostitution stellt ein großes Problem dar.[19]

Laut Amnesty International wurden 2009 in einigen Landesteilen Menschen ermordet, die vom Albinismus betroffen waren, also von Stoffwechselerkrankungen, die zu einer Pigmentstörung führen. Aus den Berichten geht hervor, dass 2009 mehr als 20 Menschen mit Albinismus ermordet wurden, insgesamt mehr als 50 Menschen in zwei Jahren.[20]

Sexuelle Handlungen zwischen Menschen des gleichen Geschlechts werden mit Gefängnisstrafen bis zu 14 Jahren belegt.[21] Laut dem Flüchtlingskommissariat der Vereinten Nationen (UNHCR) werden Lesben, Schwule, Bisexuelle und Transgender verfolgt, misshandelt und gedemütigt. Schwule und lesbische politische Aktivisten, die sich für mehr Gleichheit und Rechte einsetzen, wurden verhaftet.[22] Die Inhaftierung von Menschen allein auf der Grundlage ihrer tatsächlichen oder vermuteten Sexualität verstößt gegen die Grundsätze der Afrikanischen Charta der Menschen- und Völkerrechte, den Internationalen Pakt über bürgerliche und politische Rechte (IPBPR), die Konvention gegen Folter, und das Übereinkommen über die Beseitigung jeder Form von Diskriminierung der Frau (CEDAW), die allesamt von Tansania unterschrieben wurden.

Föderalismus

Sansibar besitzt innerhalb der Union eine gewisse Autonomie, unter anderem ein eigenes Parlament, eine eigene Regierung und einen eigenen Präsidenten. Seit 2000 war dies Amani Abeid Karume (CCM). Auch in Sansibar wurde im Oktober 2005 ein neues Parlament und ein neuer Präsident gewählt. Anders als auf dem Festland, auf dem die CCM unangefochten dominierte, war die politische Gesellschaft Sansibars in zwei etwa gleich starke Lager gespalten, die Anhänger der CCM und der CUF. Deren Generalsekretär Seif Sharif Hamad, ein ehemaliger CCM-Premierminister Sansibars, trat als Herausforderer gegen Karume an, verlor aber knapp und umstritten die Wahl. Nach einer Phase der politischen Aussöhnung seit dem Jahr 2009 wurde bei der Wahl am 31. Oktober 2010 Ali Mohammed Shein von der CCM zum Präsidenten gewählt.

Verwaltung

Tansania ist in 26 Verwaltungsregionen (*mkoa*) gegliedert, davon entfallen fünf auf den Teilstaat Sansibar (Staat):

Einteilung Tansanias in die Verwaltungsregionen

- Arusha
- Daressalam
- Dodoma
- Iringa
- Kagera
- Kigoma
- Kilimandscharo
- Lindi
- Manyara
- Mara
- Mbeya
- Morogoro
- Mtwara
- Mwanza
- Pemba North
- Pemba South
- Pwani
- Rukwa
- Ruvuma
- Shinyanga
- Singida
- Tabora
- Tanga
- Zanzibar Central/South
- Zanzibar North
- Zanzibar Urban/West

Wirtschaft

Tansania gehört zu den ärmsten Ländern der Welt. Tansania ist etwa zweieinhalb Mal so groß wie Deutschland, hat aber nur die Hälfte der Bevölkerung.

Steigende Lebensmittelpreise führten dazu, dass die privaten Einkommen überwiegend für Lebensmittel aufgebraucht werden. Angesichts der Armut in Tansania wurde dem Land 2001 von der Weltbank ein Schuldenerlass gewährt. Bergbau und Tourismus sind Wirtschaftszweige, die zunehmend erfolgreicher sind.

Beschäftigung

Im Zeitraum von 1996 bis 2005 waren rund 16.915.000 Tansanier als Erwerbstätige gemeldet. Davon waren 82 % im landwirtschaftlichen Sektor beschäftigt, 15 % im Dienstleistungssektor und nur 3 % im industriellen Sektor. Als offiziell arbeitssuchend galten 5,1 % der Bevölkerung.

Im informellen Sektor sind rund 43 % der Bewohner Tansanias tätig. Der informelle Sektor ist somit nach dem landwirtschaftlichen Sektor der zweitwichtigste Sektor in Tansania.

Export

Im Wesentlichen werden Cashewnüsse (18,3 %), Kaffee (14,3 %), Mineralien (13,2 %), Tabak (8 %) und Baumwolle (5,2 %) (Stand: 1999) ausgeführt. Des Weiteren wird auch Mais, Sisal, Tee, Hirse und Zuckerrohr angebaut.

Ein weiterer bekannter Exportartikel Tansanias ist der im Viktoriasee gefischte, in Deutschland unter dem Namen Viktoriabarsch vermarktete Nilbarsch. Die Bedingungen, unter denen dieser Fisch mit Förderungsmitteln der Europäischen Union vor Ort verarbeitet und nach den Absatzmärkten in Europa, Russland und Japan ausgeflogen wird, wurden durch den Dokumentarfilm Darwin's Nightmare bekannt.

Staatshaushalt

Der Staatshaushalt umfasste 2009 Ausgaben von umgerechnet 5,2 Mrd. US-Dollar, dem standen Einnahmen von umgerechnet 4,2 Mrd. US-Dollar gegenüber. Daraus ergibt sich ein Haushaltsdefizit in Höhe von 4,5 % des BIP.[23] Die Staatsverschuldung betrug 2009 4,8 Mrd. US-Dollar oder 21,4 % des BIP.[23]

2006 betrug der Anteil der Staatsausgaben (in % des BIP) folgender Bereiche:

- Gesundheit:[24] 6,4 %
- Bildung:[23] 2,2 % (1999)
- Militär:[23] 0,2 % (2005)

Infrastruktur

Die Infrastruktur ist mit zunehmender Entfernung von der Küste schlechter entwickelt. An der Ostküste befinden sich die Wirtschaftsschwerpunkte mit direktem Zugang zu den Häfen. Es gibt außerhalb der Städte meistens keinen Anschluss an Wasserleitungen. In manchen Regionen gibt es im Umkreis von einigen Kilometern keinen Anschluss an das öffentliche Stromnetz.

Telekommunikation

In den letzten Jahren hat insbesondere die Zahl der Mobilfunkanschlüsse rasant zugenommen. Es gibt etwa 17,4 Millionen Mobilfunk-[25] sowie 180.000 Festnetzanschlüsse[26] (Stand 2009). Durch die zunehmende Verbreitung von Internetcafés steht vielerorts auch Internet zur Verfügung.

Eisenbahn

Straßen- und Bahnnetz in Tansania
Rot: Teerstraßen; **Blau:** Bahnlinien

Tansania besitzt zwei Eisenbahnsysteme mit einer Gesamtstreckenlänge von 3.690 Kilometern. Das Netz der früher von der *Tanzania Railways Corporation* betriebenen Tanganjikabahn stammt im Wesentlichen noch aus der deutschen Kolonialzeit vor 1914 mit Ergänzungen aus der britischen Zeit. Es wurde in Meterspur errichtet. Die Hauptlinie verläuft von Daressalam über Morogoro und Dodoma nach Tabora. Hier verzweigt sich die Linie nach Kigoma am Tanganjikasee sowie nach Mwanza am Viktoriasee. Außerdem gibt es weitere Stichstrecken nach Singida und Mpanda. Daneben gibt es eine nördliche Linie nach Tanga bzw. nach Arusha über Moshi (zur Zeit kein Personenverkehr; eine Verbindung zur Uganda-Bahn in Kenia besteht in Kahe südlich von Moshi). Im November 2006 wurde der Betrieb auf dem wichtigsten Teilstück von Daressalaam nach Dodoma sowohl im Güter- als auch im Personenverkehr eingestellt.[27] Nach einem Sonderfahrplan[28] verkehrten Züge von Dodoma nach Mwanza bzw. nach Kigoma. Ende des Jahres 2006 wurde die Tanzania Railways Corporation liquidiert und der Betrieb an die private Nachfolgegesellschaft Tanzania Railways Limited übertragen. Diese hat im September 2007 mit Arbeiten an der Strecke von Daressalam nach Tanga begonnen. Die Strecke von Daressalam nach Dodoma wird seit November 2007 wieder von Reise- und Güterzügen befahren.

Die zweite Bahngesellschaft ist die *Tanzania-Zambia Railways*, kurz TAZARA, die in Kapspur (1067 mm) eine Verbindung von Daressalam über Mbeya nach Sambia und zum südafrikanischen Bahnnetz herstellt. Die TAZARA wurde von chinesischen Firmen erbaut. Die Fahrzeuge können nicht von dem einen zu dem anderen System übergehen.

Straße

Aufgrund der britischen Kolonialvergangenheit herrscht in Tansania Linksverkehr. Asphaltierte Straßen gibt es zwischen den großen Städten. Von Daressalam geht eine nördliche Strecke zum Kilimandscharo und weiter in Richtung Nairobi. Diese Strecke bindet mit einem Abzweig auch Tanga an. In Richtung Süden verläuft die Hauptstrecke von Daressalam über Morogoro, Iringa und Mbeya nach Malawi sowie nach Sambia. Von Morogoro zweigt die Asphaltstraße nach Dodoma ab. Zwischen Iringa und Mbeya sind auch Njombe und Songea angebunden. Die Küstenstraße ab Daressalam nach Süden in Richtung Mtwara ist bis auf wenige Lücken inzwischen weitgehend asphaltiert, die Strecke weiter nach Mosambik mit einer Brücke über den Rovuma seit Ende 2005 im Bau. Die Küstenstrecke nach Norden in Richtung Tanga ist ab Bagamoyo praktisch nicht passierbar.

Die große Transitstrecke nach Ruanda, Burundi und Kongo verläuft ab Dodoma weithin über Erdstraßen mit sehr unterschiedlichem Erhaltungszustand. In der Regenzeit kommt es immer wieder zu Unterbrechungen der Straßen und Schienenwege, besonders im Landesinneren.

Luftverkehr

Tansania verfügt über vier Flughäfen mit internationalen Verbindungen (IATA-Code):

- Julius K. Nyerere International Airport (DAR) in Daressalam
- Kilimanjaro International Airport (JRO) zwischen Arusha und Moshi
- Zanzibar Kisauni International Airport (ZNZ)
- Mwanza International Airport (MWZ)

weitere Flughäfen:

- Flughafen Arusha (ARK)
- Flughafen Bukoba (BKZ)
- Flughafen Dodoma (DOD)
- Flughafen Iringa (IRI)
- Flughafen Kigoma (TKQ)
- Flughafen Mbeya (MBI)
- Flughafen Moshi (QSI)
- Flughafen Mtwara (MYW)
- Flughafen Musoma (MUZ)
- Flughafen Pemba (PBA)
- Flughafen Songea (SGX)
- Flughafen Shinyanga (SHY)
- Flughafen Tabora (TBO)
- Flughafen Tanga (TGT)
- sowie viele lokale Dorf- und Buschlandeplätze, die großenteils bei der *Tanzania Civil Aviation Authority* (TCAA) registriert sind. Zum Teil sind auch diese Landeplätze international anfliegbar (zum Beispiel *Kleins Camp* in der Serengeti).

Dar Es Salaam und Kilimanjaro werden im innerafrikanischen und auch interkontinentalen Linienverkehr von Europa und Asien angeflogen, Sansibar aus Kenia, Uganda, Deutschland, Italien, Südafrika, Äthiopien und dem Oman, Mwanza fungiert als regionales Drehkreuz für Uganda, Kenia, Burundi und Ruanda. Bekannte tansanische Fluggesellschaften sind Air Tanzania, Precision Air und Regional Air Services, die teilweise Gemeinschaftsflüge mit größeren Gesellschaften wie Kenya Airways oder KLM anbieten.

Aufgrund des mangelhaften Zustandes des Straßennetzes abseits der großen Verkehrswege sind viele Dörfer mit dem Flugzeug wesentlich besser zu erreichen als mit Landfahrzeugen. Besonders die medizinische Versorgung der Bevölkerung wird daher zu einem großen Teil auf dem Luftweg mit kleinen Flugzeugen abgewickelt. Die Mitarbeiter dieser Gesellschaften arbeiten größtenteils auf Spendenbasis, um den Dienst günstig anbieten zu können. Folgende Gesellschaften sind in Tansania tätig:

- die Missionsfluggesellschaft Mission Aviation Fellowship mit eigenen Operationsbasen in Dodoma, Dar Es Salaam, Kigoma und Arusha
- die private Organisation Flying Medical Service in Arusha

Landesweit existieren für derartige Flugdienste über 400 Landepisten, die von der jeweils ansässigen Bevölkerung in benutzbarem Zustand gehalten werden.

Schifffahrt

Die Inseln im Indischen Ozean, Unguja (Sansibar), Pemba und Mafia, sind auf den Schiffsverkehr angewiesen. Zwischen Dar-Es-Salaam und Sansibar-Stadt verkehren täglich mehrere Schiffe. Auch Pemba und Mafia werden über Dar-Es-Salaam bzw. Sansibar regelmäßig angefahren.

Auf den großen Seen verkehren mehrere Fähren, deren Zuverlässigkeit nicht zuletzt durch die fehlenden Konsequenzen aus der Katastrophe um die *Bukoba* 1996 mit über 500 Todesopfern kritisch gesehen werden muss. 2011 kamen beim Untergang der Fahre *Spice Islander I* über 200 Menschen ums Leben.

Auf dem Tanganyikasee verkehrt wöchentlich die MV Liemba von Kigoma nach Mpulungu in Sambia. Die Fahrtdauer beträgt rund zwei Tage.

Kunst und Kultur

Als Nationalfeiertag wird der 26. April 1964 als Jahrestag der Union zwischen Tanganjika und Sansibar begangen. Der 9. Dezember (1961) ist als Unabhängigkeitstag (swahili: *Sikukuu ya Uhuru*) ebenfalls ein wichtiger Feiertag.

Tingatinga-Malerei in Daressalam

Bildende Künste

Die Schnitzkunst der Makonde, eines im Südosten Tansanias und im Nordosten Mosambiks lebenden Bantuvolkes, ist weit über die Grenzen des Landes hinaus bekannt. Viele Makondeschnitzer haben sich in Daressalam niedergelassen, da sie hier einen Markt finden. Auf dem Mwenge-Markt kann man den Schnitzern bei der Arbeit zuschauen und ihre Werke kaufen. Traditionsgemäß werden die für den Markt produzierten Schnitzereien aus Ebenholz hergestellt, aufgrund der Verknappung dieser langsam nachwachsenden Holzart wird mittlerweile auch viel mit *Mpingo* (swahili für das sogenannte Afrikanische Schwarzholz, *Dalbergia melanoxylon*) gearbeitet.

Man unterscheidet vier, stilistisch und inhaltlich verschiedene Formen der Makondeschnitzereien:

- Alle mit dem Begriff der *Ujamaa* (Der Begriff des Kiswahili bedeutet etwa: Gemeinschaft, Zusammenhalt, Zusammenarbeit, Einigkeit, gegenseitige Hilfe) inhaltlich zusammenhängenden Motive, meist wie ein Totempfahl aus vielen neben- und übereinander stehenden, inhaltlich und strukturell zusammenhängenden Figuren, die insgesamt eine Skulptur bilden. Die einzelnen Figuren sind sehr gegenständlich ausgeführt, auf Abstraktionen wird weitgehend verzichtet. Die Säulen können mehrere Meter hoch sein, die wertvollsten besitzen innen eine Höhlung. Als Begründer und wichtigster Vertreter des Ujamaa-Stils gilt Roberto Jacobo.
- Im Gegensatz dazu stehen die neueren abstrakten, oft grotesken Skulpturen des *Shetani*-Stils, die thematisch der Auseinandersetzung mit den (guten und bösen) Geistern gewidmet sind und dem Künstler wesentlich mehr Freiheiten erlauben. Auch vom Betrachter wird mehr Phantasie gefordert. Entwickelt wurde der Stil durch einen Künstler namens *Samaki*.
- Traditionell hat sich die Schnitzkunst aus der künstlerischen Auseinandersetzung mit dem bei den Makonde praktizierten Weiblichkeitskult, einer matriarchalischen Kultur entwickelt. Hierfür schnitzen sich die (männlichen) Künstler kleine amulettartige Talismane. Diese werden nur für den eigenen Gebrauch hergestellt, eventuell noch für Blutsverwandte, sind jedoch kommerziell nicht erhältlich.
- Schließlich verzieren die Makonde auch eigene Gebrauchsgegenstände wie Hirtenstöcke oder Holzschüsseln mit Motiven, die meist aus der Götterwelt abgeleitet sind. Solche Gegenstände geraten nur selten in den Handel und werden eigentlich nicht dafür hergestellt.

In der Malerei folgten die einheimischen Künstler lange den europäischen Vorbildern, bis sie in der von Edward Saidi Tingatinga begründeten und nach ihm benannten Tingatinga-Malerei[29] eine eigene Ausdrucksform entdeckten.

Musik und Tanz

Zu den traditionellen Musikinstrumenten der Bantuvölker zählen die Kalimba (die im Kiswahili irreführenderweise den Namen *Marimba* trägt, womit in allen anderen Sprachen aber ein ganz anderes Instrument, nämlich eine Art Xylophon gemeint ist), etwa eine Art Zither, die *Kayamba*, eine Rassel mit Weizenkörnern, *Siwa* (Hörner), *Tari* (eine Art Tambourin), und vor allem *Ngoma*, Trommeln in jeder denkbaren Art und Form.

Die moderne tansanische Musik ist stark vom Kongo beeinflusst. Etwas Rumba, viel Jazz, etwas Rock und traditionelle Musik vermischen sich mit starken Reggae-Einflüssen zu der im Kongo Soukous genannten Musikrichtung. Diese wird in Tansania irritierenderweise als *Lingala Music* bezeichnet, obwohl die Texte zwar in Lingala, aber genauso gut auch in Kiswahili oder anderen Sprachen gesungen sein können. Diese wurde insbesondere in Daressalam von zahlreichen Gruppen aufgegegriffen und weiterentwickelt und wird inzwischen mit – oft aktuellen und kritischen – Texten in Kiswahili unter dem Eigennamen Bongo Beat im ganzen Land sehr erfolgreich gespielt. Die Hip-Hop-Variante hat sich in den letzten zehn Jahren als Bongo Flava auch kommerziell und in lokalen Radiosendern etabliert.

Die Taarab-Musik[30] ist eine Besonderheit Sansibars und hat auf dem Festland keine Verbreitung gefunden.

Tänze sind in weiten Teilen Afrikas integraler Bestandteil des täglichen Lebens und für die Menschen wichtige künstlerische Ausdrucksform, aber auch selbstverständliche Verbindung zu den Ahnen und deren Seelen. An den Tänzen ist die ganze (Dorf-)Gemeinschaft beteiligt; es gibt zwar Tänzer und Nicht-Tänzer, diese erfüllen jedoch auch eine wichtige Funktion. Die traditionellen Tänze werden in eigenen kulturellen Institutionen, die bekanntesten sind *Chuo cha Sanaa* in Bagamoyo[31] und das *Bujora Cultural Centre* bei Mwanza,[32] vergleichbar den Ballettschulen studiert und unterrichtet. Dies geschieht auch, um die traditionellen Tänze vor der zunehmenden Verfremdung und Verflachung im Rahmen der touristischen Vorführungen zu schützen.

Film und Kino

Noch in den 1980er Jahren gab es nahezu keine Eigenproduktionen. Erst 1998 mit der Eröffnung des *Zanzibar International Film Festival*, das inzwischen zum Forum für Filmproduktionen aus ganz Ostafrika geworden ist – mit reger Beteiligung auch aus dem südlichen Afrika und einigen Beiträgen aus Westafrika – hat sich eine kleine, aber beachtenswerte Filmindustrie entwickelt. Überregional bekannt wurde Martin M'hando mit den Filmen *Maangamizi*[33] und bereits früher mit *Women of Hope*.

Mehrere Produktionsfirmen in Daressalam produzieren mit knappem Budget tägliche Seifenopern mit einheimischen Schauspielern (meist Laienschauspieler), die trotz geringer technischer Professionalität (kaum Studioaufnahmen) große Begeisterung beim Publikum hervorrufen.

Literatur

- Jörg Gabriel: *Tansania, Sansibar, Kilimanjaro – Handbuch für individuelles Entdecken.* ReiseKnowHow Verlag, 4. Auflage, Bielefeld 2007, ISBN 978-3-8317-1367-7
- Andreas Eckert: *Herrschen und Verwalten – Afrikanische Bürokraten, staatliche Ordnung und Politik in Tanzania, 1920–1970.* Oldenbourg. München 2007, ISBN 978-3-486-57906-2
- Hansjoerg Dilger: *Leben mit Aids. Krankheit, Tod und soziale Beziehungen in Afrika.* Eine Ethnographie. Campus, Frankfurt a. M. 2005, ISBN 3-593-37716-0 (Schwerpunkt Tansania)

Weblinks

- Klimadiagramme und Klimatabellen von Tansania [34] (deutsch)
- Botschaft Tansanias in Deutschland [35]
- Länder- und Reiseinformationen [36] des Auswärtigen Amtes
- Historischer Artikel über Nyerere und die sozialistische Zeit Tansanias aus der Zeitschrift E+Z [37]
- Monatlicher Informationsdienst aus tansanischen Zeitungen vom Bayerischen Missionswerk [38]

Einzelnachweise

[1] International Monetary Fund, World Economic Outlook Database, April 2008 (http://www.imf.org/external/pubs/ft/weo/2008/01/weodata/weorept.aspx?sy=2007&ey=2007&ssd=1&sort=country&ds=,&br=0&c=512,446,914,666,612,668,614,672,311,946,213,137,911,962,193,674,122,676,912,548,313,556,419,678,513,181,316,682,913,684,124,273,339,921,638,9
s=NGDPD,NGDPDPC&grp=0&a=&pr1.x=29&pr1.y=7)

[2] Human Development Report (http://hdrstats.undp.org/en/countries/profiles/TZA.html) *Tanzania (United Republic of)* Country Profile: Human Development Indicators

[3] CIA World Factbook: Tanzania#People (https://www.cia.gov/library/publications/the-world-factbook/geos/tz.html#People)

[4] University of Pennsylvania African Studies Center: East Africa Living Encyclopedia: Tanzania Ethnic Groups (http://www.africa.upenn.edu/NEH/tethnic.htm)

[5] UNHCR: 35 Jahre nach der Flucht: Lösungen für burundische Flüchtlinge in Sicht (http://www.unhcr.de/aktuell/einzelansicht/article/32/35-jahre-nach-der-flucht-loesungen-fuer-burundische-fluechtlinge-in-sicht.html)

[6] *Languages of Tanzania.* Ethnologue.com (http://www.ethnologue.com/show_country.asp?name=Tanzania) Stand 2005

[7] "Kiswahili and English are the Official languages, however the former is the national language" (Offizielle Website der tansanischen Regierung tanzania.go.tz) (http://www.tanzania.go.tz/learn_kiswahili.html)

[8] J. A. Masebo & N. Nyangwine: *Nadharia ya lugha Kiswahili 1.* S. 126, ISBN 9987-676-09-X

[9] Britannica online (http://www.britannica.com/EBchecked/topic/582817/Tanzania/37567/Religion)

[10] Ein Gleichgewicht sehen auch Spiegel Länderlexikon (http://www.spiegel.de/lexikon/54452349.html), Fischer Weltalmanach 2009 und International Religious Freedom Report 2007 (http://www.state.gov/g/drl/rls/irf/2007/90124.htm) (30–40% Muslime, 30–40% Christen), Munzinger Online (http://www.munzinger.de/search/query?fn=process&template=/templates/publikationen/hitlist.jsp&qid=query-simple&n=50&h0=nfo&highlight=yes&highlight-words=8&highlight-fragments=5&h1=_titel_&h2=stand&e0=tansania+"40+bis+45+%+Christen;+35+bis+45+%+Muslime"&scope=) (35–45% Muslime, 40–45% Christen), The Wordsworth Pocket Encyclopedia (35% Muslime, 35% Christen), Britisches Außenministerium (http://www.fco.gov.uk/en/about-the-fco/country-profiles/sub-saharan-africa/tanzania) (je 35% Muslime und Christen, 30% Sonstige), Radio Vatikan (http://www.radiovaticana.org/tedesco/afrika/afr_Tansania.htm) (je 40% Muslime und Christen, 20% Animisten)
Demgegenüber sehen eine **muslimische Mehrheit** das CIA World Fact Book (https://www.cia.gov/library/publications/the-world-factbook/geos/tz.html#People), ebenso der New York Times World Almanac 2009, Random House Weltaltlas & Länderlexikon und das Französische Außenministerium (http://www.diplomatie.gouv.fr/fr/pays-zones-geo_833/tanzanie_384/presentation-tanzanie_1295/presentation_69649.html) (35% Muslime, 30% Christen, 35% Sonstige)
Mehrere Schätzungen nehmen statt dessen (zumindest für das Festland) eine **christliche Mehrheit** an, so beispielsweise US State Department (http://www.state.gov/r/pa/ei/bgn/2843.htm) (35% Muslime, 63% Christen), Auswärtigen Amt (http://www.auswaertiges-amt.de/diplo/de/Laenderinformationen/01-Laender/Tansania.html) (30% Muslime, 40% Christen), Time Almanac 2009 (powered by Encyclopaedia Britannica, 31,8% Muslime, 46,9% Christen), Meyers Lexikon online (am 23. März 2009 eingestellt, 35% Muslime, 39% Christen), Harenberg aktuell 2008 und *Spiegel Jahrbuch* 2005 (35% Muslime, 45% Christen)

[11] ismoshi.org (http://www.ismoshi.org/)

[12] CIA *The World Factbook* (https://www.cia.gov/library/publications/the-world-factbook/geos/tz.html)

[13] *Tansania* (http://www.dsw-online.de/info-service/laenderdatenbank.php?navanchor=1010040) in der Länderdatenbank der Deutschen Stiftung Weltbevölkerung

[14] *President's Malaria Initiative. Malaria Operational Plan (MOP) Tanzania.* (http://www.fightingmalaria.gov/countries/mops/fy09/tanzania_mop-fy09.pdf) fightingmalaria.gov, 16. November 2008
[15] Rolf Hofmeier: Tanzanische Stabilität: Die alte Staatspartei gewinnt erneut – Institut für Afrika-Studien, GIGA, Januar, Februar 2006 (http://www.giga-hamburg.de/dl/download.php?d=/content/publikationen/pdf/gf_afrika_0602.pdf)
[16] *Präsident Kikwete will nachsitzen.* In: Die Tageszeitung, 30./31. Oktober 2010, S. 8
[17] Informationen bei english.people.com (http://english.people.com.cn/90001/90777/90855/7190423.html) (englisch), abgerufen am 7. November 2010
[18] Amnesty International (http://www.amnesty.de/jahresbericht/2010/tansania?destination=suche?words-advanced=tansania&country=&topic=&node_type=&from_month=0&from_year=&to_month=0&to_year=&sort_type=desc&page_limit=10&go_x=22&go_y=7&go=Sortieren&form_id=ai_search_form) Jahresbericht Tansania 2010
[19] http://www.aktiv-gegen-kinderarbeit.de/welt/afrika/tansania
[20] Amnesty International (http://www.amnesty.de/jahresbericht/2010/tansania?destination=suche?words-advanced=tansania&country=&topic=&node_type=&from_month=0&from_year=&to_month=0&to_year=&sort_type=desc&page_limit=10&go_x=22&go_y=7&go=Sortieren&form_id=ai_search_form) Jahresbericht Tansania 2010
[21] http://www.auswaertiges-amt.de/diplo/de/Laenderinformationen/Tansania/TansaniaSicherheit.html
[22] The International Gay and Lesbian Human Rights Commission (IGLHRC) (http://www.iglhrc.org/cgi-bin/iowa/article/takeaction/resourcecenter/993.html) (englisch)
[23] The World Factbook (https://www.cia.gov/library/publications/the-world-factbook/geos/tz.html)
[24] Der Fischer Weltalmanach 2010: Zahlen Daten Fakten, Fischer, Frankfurt, 8. September 2009, ISBN 978-3-596-72910-4
[25] The Citizen: The Citizen (http://www.thecitizen.co.tz/magazines/31-business-week/947-5-more-cellular-companies-licensed.html) 2009
[26] CIA World Factbook: Tanzania (https://www.cia.gov/library/publications/the-world-factbook/geos/tz.html) abgerufen am 11. April 2010 (englisch)
[27] TRC, Tazara concession in limbo? (http://www.ippmedia.com/ipp/guardian/2006/09/19/74685.html)
[28] Tanzania Railway Corporation (http://www.trctz.com/announcemain1.htm)
[29] Edward Saidi Tingatinga (http://www.ntz.info/gen/n00621.html#id01400)
[30] laut.de | Taarab (Pop-Lexikon) (http://www.laut.de/lautwerk/taarab/index.htm)
[31] Chuo Cha Sanaa – Bagamoyo – College of Arts – Home (http://www.sanaabagamoyo.com/default.asp?id=1&language=English)
[32] Bujora (http://www.mwanza-guide.com/bujora.htm)
[33] Reviews (http://www.grisgrisfilms.com/html/reviews.html)
[34] http://www.iten-online.ch/klima/afrika/tansania/tansania.htm
[35] http://www.tanzania-gov.de/index.php?newlang=german
[36] http://www.diplo.de/Tansania
[37] http://www.inwent.org/E+Z/1997-2002/ez1299-5.htm
[38] http://www.tansania-information.de/index.php?title=Hauptseite

Koordinaten: 7° S, 34° O

bjn:Tanzania gag:Tanzaniya ltg:Tanzaneja mrj:Танзани nso:Tanzania rue:Танзанія

Flossenstrahl

Als **Flossenstrahlen** (Dermotrichia) werden die tragenden Elemente der Fischflossen bezeichnet. Sie können bei den verschiedenen Fischtaxa in vier verschiedenen Formen ausgebildet sein:

1. Bei den Knorpelfischen (Chondrichthyes) liegen faserig, elastische Strahlen vor, die aus Elastoidin, einer hornartigen Substanz bestehen. Sie werden *Ceratotrichia* genannt.
2. Die Flossenstrahlen im äußeren, freien Flossenrand der Strahlenflosser (Actinopterygii), in der Fettflosse der Teleostei und die Flossenstrahlen ihrer embryonalen Phase werden *Actinotricha* genannt.
3. Die Flossenstrahlen der Strahlenflosser und Quastenflosser (Coelacanthiformes) werden *Lepidotrichia* genannt. Sie lassen sich von Schuppenreihen ableiten und sind ursprünglich gegliedert. Ihre kollagene Matrix entsteht aus Mesenchymzellen, die Osteoblasten ähneln. Das Wachstum der Lepidotrichia geschieht durch terminale (am Ende gelegene) Ossifikation. Reife Lepidotrichia bestehen z. b. beim Lachs aus einem Kern aus dichten Hydroxylapatitkristallen, einer knöchernen Mittelschicht und einer äußeren Schicht von Kollagenfasern.
4. Die *Kamptotrichia* der Lungenfische (Dipnoi) gleichen den Lepidotrichia, sind aber mit Schuppen bedeckt.

Hart- und Weichstrahlen

Die Flossenstrahlen der Echten Knochenfische (Teleostei) werden in Hart- (auch Stachelstrahlen) und Weichstrahlen (auch Gliederstrahlen) unterteilt. Hartstrahlen sind ungegliederte, meist glatte Knochenstückchen, Weichstrahlen bestehen aus zwei miteinander verwachsenen Hälften. Bei den Weichstrahlen wird zwischen verschiedenen Formen unterschieden:

Rückenflosse eines Döbels (*Leuciscus cephalus*), deutlich zu erkennen ist die fächerartige Teilung der Weichstrahlen. Der vorderste Strahl ist bei Cypriniden ein "unechter" Hartstrahl.

- ungeteilt, ungegliedert, stachelartig
- ungeteilt, gegliedert
- fächerartig geteilt, gegliedert

Sofern eine Flosse Hartstrahlen enthält, befinden diese sich immer vor den Weichstrahlen. Die Bezeichnungen Hart- und Weichstrahlen sind etwas irreführend. Hartstrahlen können durchaus biegsam und weich sein, während ungegliederte Weichstrahlen verkalkt und dornenartig sein können. Die Unterscheidung zwischen Hartstrahlen und ungegliederten Weichstrahlen ist im Zweifelsfall am leichtesten durch die Betrachtung von vorn möglich, die die beiden Hälften der Weichstrahlen erkennen lässt. Weichstrahlen werden embryonal immer paarig angelegt und verwachsen später mehr oder weniger miteinander.

Echte Hartstrahlen sind nur bei den Stachelflossern zu finden. Bei einigen Fischen sind einige Hartstrahlen mit Giftdrüsen versehen (z. B. den Skorpionfischen, Petermännchen, Kaninchenfischen) und auch ein sägeförmiges Profil an der Rückseite ist möglich. Sie entstehen embryonal aus unpaaren Knochenstäben.

Bewegung

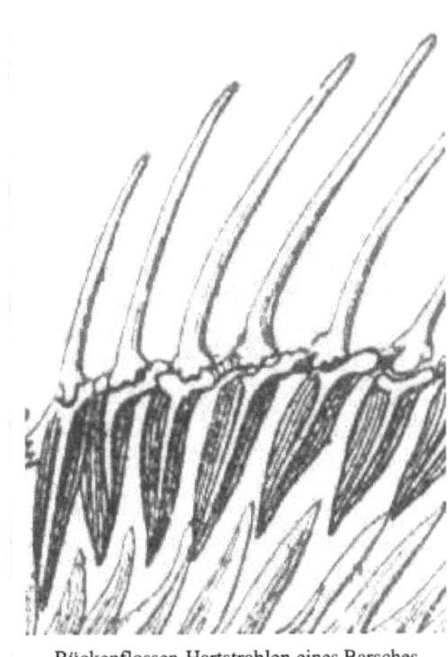

Rückenflossen-Hartstrahlen eines Barsches (rötlich: oben Hartstrahlen, unten Neuraldornen der Wirbel, blau: Flossenträger)

Die Flossenstrahlen sind durch das Bindegewebe der Flossenmembran miteinander verbunden und können durch ihren Abstand unabhängig voneinander bewegt werden. Den Flossenstrahlen der Teleostei wird durch zwei Scharniergelenke ermöglicht, sich vorwärts, rückwärts und seitwärts zu bewegen. Dazu stehen sechs Muskeln zu Verfügung, der Erector, der den Strahl nach vorn zieht, der Depressor, der für die rückwärtige Bewegung zuständig ist, und an jeder Seite zwei Inclinatoren. Zwischen den Flossen liegen die gestreckten Carinalmuskeln, die helfen, sie zu spreizen oder niederzulegen.

Flossenträger

Die Flossenstrahlen (Radien) der unpaaren Flossen (Rücken- und Afterflosse) der Strahlenflosser sitzen auf knöchernen Sockeln, den *Flossenträgern* (Radialia, Pterygiophoren), die Teil des Innenskeletts der Fische sind und in die Muskulatur hinabreichen. Jeder Flossenträger besteht für gewöhnlich aus drei Teilen, einem weidenblattförmigen, langen, proximalen Teil, einem kürzeren mittleren Pterygiophor und dem sehr kurzen distalen, knorpeligen Pterygiophor, an dem der Flossenstrahl ansetzt. Erst bei den Teleocephala (den rezenten Teleosteern) ist bei der Rückenflosse die Anzahl der Flossenstrahlen gleich der der Flossenträger. Die distalen Stücke sind oft nach hinten gekippt und verbinden so als Abstandhalter zwei Basen der Radien hintereinander gelenkig. Verschmelzungen kommen mitunter vor.

Quellen

- Kurt Fiedler: *Lehrbuch der Speziellen Zoologie, Band II, Teil 2: Fische.* Seite 40 bis 42, Gustav Fischer Verlag, Jena 1991, ISBN 3-334-00339-6
- Guillaume Lecointre, Hervé Le Guyader: *Biosystematik: Alle Organismen im Überblick.* Seite 450, Springer, Berlin 2005, ISBN 3540240373

Senegal

République du Sénégal Republik Senegal	
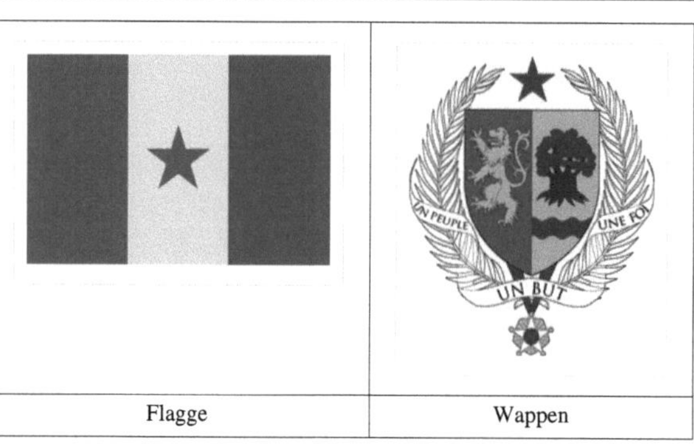 Flagge / Wappen	
Wahlspruch: „Un Peuple, Un But, Une Foi": „Ein Volk, ein Ziel, ein Glaube"	
Amtssprache	Französisch
Hauptstadt	Dakar
Staatsform	Präsidialrepublik
Staatsoberhaupt	Präsident Abdoulaye Wade
Regierungschef	Ministerpräsident Souleymane Ndéné Ndiaye
Fläche	196.722 km²
Einwohnerzahl	12.643.799 (Schätzung 2011)[1]
Bevölkerungsdichte	60 Einwohner pro km²
Bruttoinlandsprodukt nominal (2007)[2]	11.123 Mio. US$ (111.)
Bruttoinlandsprodukt pro Einwohner	910 US$ (137.)
Human Development Index	0,459 (155.)
Währung	1 CFA-Franc BCEAO 1 € = 655,957 XOF 100 XOF = 0,152449 € (Fixer Wechselkurs)
Unabhängigkeit	von Frankreich am 20. Juni 1960 als Teil der Mali-Föderation; von dieser am 20. August 1960
Nationalhymne	*Pincez Tous vos Koras, Frappez les Balafons*
Zeitzone	UTC
Kfz-Kennzeichen	SN
Internet-TLD	.sn
Telefonvorwahl	+221

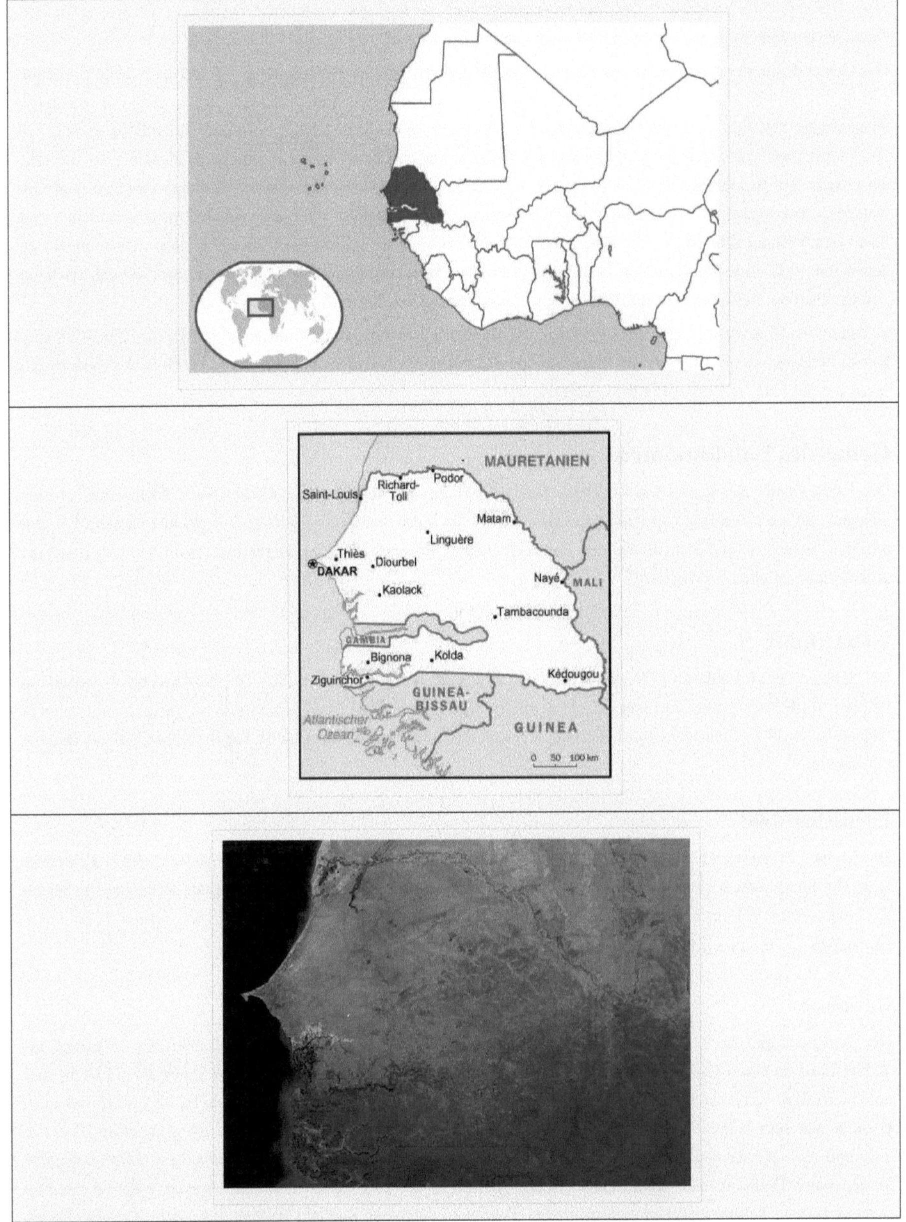

Der **Senegal** [ˈzeːnegal] (französisch *République du Sénégal* [seneˈgal]) ist ein Staat in Westafrika. Sein Territorium ist etwa halb so groß wie Deutschland; es erstreckt sich von den Ausläufern der Sahara im Norden, wo das Land an Mauretanien grenzt, bis an den Beginn des tropischen Feuchtwaldes im Süden, wo die Nachbarn Guinea und Guinea-Bissau sind, sowie von der kühlen Atlantikküste im Westen in die heiße Sahel-Region an der Grenze zu

Mali. Die südlichen Landesteile des französischsprachigen Senegal, die Casamance, werden durch den tief in den Osten reichenden englischsprachigen Kleinstaat Gambia abgetrennt.

Das Gebiet des Senegal ist bereits seit dem 12. Jahrhundert ein Teil der islamischen Welt und auch heute bekennen sich mehr als 90 % der 12 Millionen Einwohner des Landes zum Islam. Nachdem die Region von mehreren afrikanischen Reichen beherrscht wurde, wurde sie im Jahre 1895 zur ersten französischen Kolonie in Afrika. Am 20. August 1960 wurde Senegal unabhängig; es behielt ein Mehrparteiensystem bei und wurde zu einem der wenigen demokratischen Staaten auf dem afrikanischen Kontinent. Die durch die Kolonialzeit bedingte Abhängigkeit von wenigen Exportgütern wie Erdnüssen, Phosphaten und Fisch, rasches Bevölkerungswachstum und Staatsverschuldung führten ab den 1980 Jahren jedoch zu Verarmung und wachsenden sozialen Spannungen, zu denen seit 1982 auch die Sezessionsbestrebungen in der Casamance kommen. Somit wurde der Senegal abhängig von Krediten der Industrie- und Erdölländer sowie von Entwicklungshilfe.

In kulturellen Bereichen hat der Senegal lange Traditionen vorzuweisen und führt heute in Musik, Tanz, bildender Kunst, Philosophie und Literatur ein eigenständiges Kulturleben. Trotzdem liegt das Land im Human Development Index nur auf Platz 155 von 187 (2011, UNDP).

Genus des Landesnamens

Der Landesname „Senegal“ kann im Deutschen sowohl im sächlichen grammatischen Geschlecht („das heutige Senegal“, „in, nach Senegal“) als auch im männlichen Genus („der Senegal, im Senegal“) gebraucht werden.[3] . „Der Senegal“ ist ebenso die Benennung des Flusses Senegal. Im amtlichen Sprachgebrauch wird für den Staat die artikellose sächliche Form benutzt.[4]

Geographie

Der Senegal liegt im äußersten Westen Afrikas im Übergang der Sahelzone zu den Tropen. Östliches Nachbarland ist Mali. Im Norden grenzt der Senegal mit dem Grenzfluss Senegal an Mauretanien und im Süden an Guinea und Guinea-Bissau. Das Staatsgebiet des Senegals umschließt das ebenfalls am Atlantik liegende Nachbarland Gambia vollständig.

Landschaftsbild

Die höchste Erhebung (12° 22′ N, 12° 32′ W [5]) ist namenlos und 581 Meter hoch. Die Küste ist 531 Kilometer lang. Die Landschaft besteht aus Ebenen, die zu den Gebirgsausläufern im Südosten langsam ansteigen. Im Süden des Landes – bei Vélingara – befindet sich der Vélingara-Krater.

Der westlichste Punkt Afrikas befindet sich mit dem Kap Verde im Senegal.

Gewässer

Der Senegalstrom, der dem Staat seinen Namen gab, ist der bedeutendste Fluss des Landes. Er entspringt als Bafing-Fluss im Fouta-Djalom-Plateau in Guinea und nimmt in Mali den Bakoyé sowie im Senegal den Falémé auf; auf einer Länge von etwa 500 km bildet er die Nordgrenze des Senegal. Weitere bedeutende Flüsse sind Casamance, Gambia und sein Nebenfluss Koulountou, Sine und Saloum. Allen diesen Gewässern ist gemeinsam, dass sie aufgrund des sehr flachen Oberflächenprofiles des Senegal ein sehr geringes Gefälle aufweisen. Alle münden in ausgedehnten Deltas in den Atlantischen Ozean. Speziell in der Trockenzeit kann Meerwasser während der Flut mehrere hundert Kilometer flussaufwärts dringen. Dem wird durch den Bau von Wehren (etwa dem Wehr bei Diama am Senegal-Fluss) begegnet. Während der Regenzeit sind Überflutungen häufig.[6]

Der größte See des Landes ist der flache Lac de Guiers, mit einer Nord-Süd-Ausdehnung von 80km und einer Ost-West-Ausdehnung von bis zu 12km. Während der Regenzeit kann sich der See beträchtlich in Richtung Süden, in den Ferlo, ausdehnen. Der Lac de Guiers ist für die Trinkwasserversorgung der Region wie auch Dakars von hoher Bedeutung. Der Salzsee Lac Retba unweit Dakars ist aufgrund seiner rosa Verfärbung, die er aufgrund der Aktivität von Organismen in seinem Wasser erhält, berühmt. Er hat für die Salzgewinnung und den Tourismus eine hohe Bedeutung; die UNESCO hat ihn zum Welterbe erklärt.[6]

Die etwa 500km Atlantikküste des Senegal ist geprägt durch das Aufeinandertreffen des kühlen Kanarenstromes, des warmen Äquatorialstromes und von kaltem Auftriebswasser. Der Kanarenstrom dominiert in der Trockenzeit zwischen Dezember und April. Die Wassertemperatur des Kanarenstromes, die unter 20 °C liegt, und das kalte Auftriebswasser machen die senegalesische Küste im Winterhalbjahr zu einer Kaltwasserküste. In der Regenzeit zwischen Juni und November dominiert hingegen der Äquatorialstrom mit Wassertemperaturen von 27-28 °C. Die Kombination von nährstoffreichem Tiefenwasser und der hohen Produktion von Phytoplankton im Oberflächenwasser führt zu sehr großen Fischvorkommen; der jahreszeitliche Wechsel der Wassertemperatur führt zu weiträumiger Migration der Fischarten, so z.B. des Thunfisches.[7]

Klima

Das Klima des Senegal ist charakterisiert durch einen ausgeprägten Wechsel zwischen passatischen und feucht-monsunalen Luftmassen und dem damit verbundenen markanten Wechsel zwischen Trocken- und Regenzeit.

Während der Sommermonate von April bis Oktober liegt das Land in der Einflusszone von feuchter, instabiler Luft, die in Richtung Norden vordringt. Sie beschert dem Süden des Senegal ergiebige Niederschläge, während sie im Norden zu Schauertätigkeit führt. In den Wintermonaten zwischen Oktober und April dringt trockene, kontinentale Luft aus Nordosten in Richtung Süden vor; es weht der Harmattan, ein trockener, staubbeladener Wind. An der Küste herrschen gleichzeitig feucht-kühle passatische Luftmassen vor.

Die jährliche Niederschlagsmenge variiert von 1.500 Millimeter im Süden bis unter 350 Millimeter im Norden und Nordosten. Entscheidend für das Land ist jedoch die Veränderlichkeit des Niederschlages. So führte ein Absinken der durchschnittlichen Jahresniederschläge zwischen 1968 und 1973 zu einer langjährigen Dürre. Kurze Dürreperioden innerhalb einer Regenzeit sind ebenfalls ein erhebliches Risiko für die Landwirtschaft und können gravierende Ernteausfälle verursachen.

Die Temperaturen liegen zwischen 22-27 °C im Winter an der Küste und über 40 °C am Ende der Trockenzeit im Landesinneren. Schwüle, also Hitze kombiniert mit hoher Luftfeuchte, kommt nur kurzzeitig im März und April vor.

Wechsel zwischen Feucht- und Trockenphasen waren in den letzten 20.000 Jahren normal; so war lange Zeit unklar, ob der Rückgang der Niederschläge, der in den letzten 50 Jahren verzeichnet wurde, durch den Menschen verursacht ist oder nicht. Die langsame Aridisierung des Landes hat jedoch verheerende Auswirkungen auf Natur, Menschen und Wirtschaft.[8]

Städte

Städte sind im Senegal ein relativ neues Phänomen. Anders als in den Nachbarländern wurden hier keine Handelsstädte gegründet, da das Land abseits der Handelsrouten durch die Sahara lag. So gab es 1920 auch nur vier Orte mit einer Bevölkerung von über 5000 Einwohnern. Stadtgründungen geschahen während der Kolonialzeit vor allem entlang der Eisenbahnlinie, die das Erdnussbecken erschloss.

Ein rasches Wachstum der Städte ist ab 1955 zu verzeichnen. Im Unterschied zu zahlreichen Dritte-Welt-Ländern ist die Urbanisierung jedoch nicht nur auf die Hauptstadt begrenzt. Das Wachstum speist sich einerseits aus Arbeits- und Ausbildungsmigration nach Dakar, aber auch in die sekundären Zentren, wo mittlerweile aus Mittelstädten Großstädte geworden sind. Entlang von Versorgungsadern findet auch in Kleinstädten eine rasche Urbanisierung statt, die vor allem bei Dürren durch zahlreiche Flüchtlinge vom Land vorangetrieben wird. Ein weiteres Charakteristikum der Urbanisierung im Senegal sind die schnellwachsenden *Heiligen Städte*, wo sich zahlreiche Gläubige ansiedeln, um näher am Heiligtum sein zu können. So wuchs die Bevölkerung von Touba von 3000 Einwohnern im Jahre 1961 auf mehr als 500.000 Menschen an.

In Städten, deren Wachstum sich hauptsächlich von Landflüchtlingen speist, bilden sich Viertel, die von Menschen aus der gleichen Region oder der gleichen ethnischen Herkunft besiedelt werden. Dort bilden sich Netze der Solidarität; gleichzeitig bleibt das Hauptinteresse der neuen Städter jedoch in ihrer alten Heimat. So wird die Familie in Krisenzeiten oder auch in den Schulferien zurück in das Heimatdorf geschickt, weil dort in der Großfamilie das Überleben einfacher ist. Transferleistungen und neue Ideen aus der Stadt führen gleichzeitig zu schnellen Modernisierungsprozessen auf dem Land.[9]

Die größten Städte sind heute (Stand 1. Juli 2009): Dakar 2.550.000 Einwohner, Touba 529.000 Einwohner, Thiès 275.000 Einwohner, Mbour 216.000 Einwohner, Kaolack 181.000 Einwohner, Saint-Louis 179.000 Einwohner, Ziguinchor 167.000 Einwohner und Diourbel 107.000 Einwohner.

Nationalparks

- Nationalpark Niokolo-Koba (gegr. 1954): Weltnaturerbe der Unesco; 9500 Quadratkilometer; 80 Säugetierarten darunter die letzten Elefanten des Senegals und 300 Vogelarten
- Nationalpark Basse-Casamance (gegründet 1970)
- Nationalpark Djoudj (gegründet 1971): Weltnaturerbe der Unesco; eines der größten Vogelreservate in Westafrika mit zirka 330 Vogelarten; von November bis April Aufenthaltsstätte europäischer Zugvögel
- Nationalpark Langue de Barbarie (gegründet 1976): zirka 20 Quadratkilometer; an der Senegalmündung gelegen; Wasservögel und europäische Zugvögel
- Nationalpark Iles de la Madeleine (gegründet 1976)
- Nationalpark Delta du Saloum (gegründet 1976): mit Sümpfen und Mangrovenwäldern; Vögel und auch Säugetiere

Bevölkerung

Die Bevölkerung zählt 11.759.000 Menschen, davon sind etwa 58 Prozent unter 20 Jahre alt. Das Bevölkerungswachstum beträgt jährlich etwa 2,01 Prozent. Die Bevölkerungszahl hat sich in den letzten 20 Jahren mehr als verdoppelt. Ein Großteil der Bevölkerung lebt an der Westküste; dort vor allem im Einzugsgebiet der Hauptstadt Dakar. 51 Prozent der Bevölkerung leben in eher ländlichen Gegenden. Hunderttausende Senegalesen leben im Ausland, vor allem in Frankreich. Die durchschnittliche Lebenserwartung im Senegal beträgt 55 Jahre bei Männern und 58 Jahre bei Frauen (2004).

Volksgruppen

Das bedeutendste Volk des Senegal sind die Wolof. Die Wolof gründeten zwischen dem 15. und dem 19. Jahrhundert mehrere feudalistische Königtümer, deren Spuren bis heute in der Gesellschaft des Landes sichtbar sind. In der Kolonialzeit kam die Mehrzahl der Bewohner der Kolonialstädte von den Wolof, auch die Beamten rekrutierten sich vornehmlich aus dieser Ethnie. Trotz der Zusammenarbeit mit den Franzosen haben sich die Wolof eine eigenständige Kultur erhalten. Die Wolof sind größtenteils Moslems. Die Lebu sind ein kleines, den Wolof sehr nahestehendes Volk von etwa 50.000 Menschen. Sie leben entlang der Küste von Kap-Verde, wo sie Fischerei und Gartenbau betreiben. Auch sie sind Moslems und gehören größtenteils der Layène-Bruderschaft an.

Die Serer sind ein Bauernvolk im Zentrum und Westen des Senegal. Sie übernahmen den Islam erst sehr spät und lehnten die Übernahme von französischen Kulturelementen ab. Trotzdem existiert heute eine Minderheit an katholischen Serer, der z.B. der frühere Präsident Léopold Sédar Senghor entstammte.

Die Toucouleur sind ebenfalls ein Bauernvolk. Sie besiedeln die Region entlang des Senegal-Flusses. Sie wurden bereits im 12. Jahrhundert islamisiert und spielten später bei der Verbreitung des Islam in den südlich angrenzenden Landesteilen eine bedeutende Rolle. Die Toucouleur leben in einer Art Symbiose mit den Fulbe, die nomadisch oder halbnomadisch leben und Großviehzucht betreiben; viele Fulbe leben jedoch mittlerweile auch als Handwerker oder Händler in den Städten.

Die Diola leben im Süden des Landes und sind vor allem Reisbauern. Im Gegensatz zu den anderen Völkern des Senegal haben die Diola ihre Großfamilien-Strukturen weitgehend erhalten und keine feudalen Reiche gegründet. Sie sind wenig islamisiert, unter den Diola herrscht das Christentum vor. Die Unabhängigkeitsbewegung in der Casamance rekrutiert sich maßgeblich aus Diola, die die Dominanz der Wolof, der Hauptstadt Dakar und des Islam bekämpfen wollen.

Die Mandinka, Bambara und Soninke sind Ethnien, die starke grenzüberschreitende Verbindungen, vor allem nach Mali haben.

Zu den bedeutenden Minderheiten gehören die Franzosen, die 1904-1958 die Kolonialverwaltung bestritten; nach der Unabhängigkeit des Senegal wurde diese zwar aufgelöst, tausende Franzosen befinden sich jedoch als Experten oder Entwicklungshelfer im Land. Die Mauren hatten früher als Weise und Sufi-Scheichs eine hohe Stellung in der senegalesischen Gesellschaft, die sie jedoch mittlerweile verloren haben. Heute leben sie als Viehhirten oder Gemischtwarenhändler in den Städten. Die Pogrome von 1989 haben zwar viele Mauren dazu gezwungen, das Land zu verlassen, die alten Strukturen sind jedoch mittlerweile weitgehend wieder hergestellt. Die libanesische Minderheit lebt vor allem als Händler, Transporteure und Importeure. Sie sind in der Regel sehr wohlhabend und haben sich mit der Führung des Landes durch Geschick und Korruption verzahnt. Bis zur Kolonisierung Westafrikas waren noch die Métis von hoher Bedeutung. Diese Nachkommen europäischer Händler und deren afrikanischen Frauen bzw. Mätressen übernahmen die Funktion von Mittelsleuten zwischen Europa und Afrika.[10] [11]

Sprachen

Im Senegal existieren, wie in den meisten Staaten Schwarzafrikas, eine Reihe von linguistischen Gruppen. Die sechs wichtigsten Sprachen Wolof, Serer, Diola, Pulaar, Soninke und Mandinka gehören alle zur Niger-Kordofanischen Sprachfamilie. Sie sind somit miteinander eng verwandt, wenngleich sich ihre Sprecher in ihren Muttersprachen nicht gegenseitig verstehen können.[12]

Es gibt keine offiziellen Statistiken, wie viele Menschen im Senegal welche Sprachen sprechen. Wolof ist unbestritten die wichtigste Sprache; sie ist die Muttersprache von etwa 50% der Bevölkerung des Landes und weitere 20-30% sprechen es als Zweitsprache. Somit ist es die *Lingua Franca* des Senegal, wie auch des benachbarten Gambia. Seine Bedeutung zieht es aus der Dominanz des Volkes der Wolof in den historischen Staaten der Region. Das moderne Wolof der Städte verfügt über zahlreiches französisches Vokabular und wird in Pop- und Rapmusik verwendet. Das traditionelle Wolof der Griot-Musik wird nur mehr am Land gesprochen. Serer ist die Muttersprache von 15% der Bevölkerung; diese Sprache ist besonders nah mit dem Wolof verwandt.

Pulaar (auch Fulbe) ist die Muttersprache von etwa einem Viertel der Einwohner des Senegal, vor allem den Toucouleur und den Peul. Die Sprecher dieser Sprache übernahmen die arabische Schrift als erste in der Geschichte des Landes und sie blicken auf eine lange Geschichte zurück, die teils schriftlich, teils mündlich überliefert wurde.

Im oberen Senegal-Tal und in Bundu gibt es etwa 1 Million Sprecher von Mande-Sprachen: Die Präsenz der heute etwa 200.000 Soninke-Sprecher geht auf die Herrschaft des Ghana-Reiches in der Region zurück, während die Vorfahren der heute etwa 600.000 Menschen umfassenden Mandinka-Gruppe in der Kolonialzeit im heutigen Senegal angesiedelt wurden. Die etwa 350.000 Sprecher von Diola gehören zu einer Gruppe von miteinander verwandten Völkern und leben im Westteil der Casamance.[13]

Die meisten traditionellen Sprachen des Senegal werden mit einem lateinischen Alphabet geschrieben, gleichzeitig gibt es jedoch arabisierte Varianten. Die arabische Schrift ist die älteste Schrift des Senegal, und sie wird in den zahlreichen Koranschulen weiterhin gelehrt. Wolofal ist beispielsweise die in arabischer Schrift geschriebene Version des Wolof, die in religiösen Texten Anwendung findet, unter Muriden jedoch häufig auch für profane Texte benutzt wird.[14]

Die Amtssprache des Landes ist Französisch. Der Senegal war eines der Gründungsmitglieder der Francophonie; die moderne Literatur, Printmedien und das Kino drücken sich fast ausschließlich auf Französisch aus und auch die öffentliche Bildung bedient sich dieser Sprache.[15]

Religion

Senegal ist ein islamisch dominiertes Land: Zwischen 90%[16] und 94%[11] der Bewohner des Landes bekennen sich zur sunnitischen Strömung des Islam; hier wiederum ist die Rechtsschule der Malikiten vorherrschend. Obwohl es gemäß seiner Verfassung ein laizistischer Staat ist und gegenüber anderen Religionen weitgehende Akzeptanz herrscht, spielen religiöse Würdenträger im politischen Tagesgeschäft eine große Rolle.

Die Islamisierung des Senegal begann vom Maghreb ausgehend zwischen dem 9. und 11. Jahrhundert im Norden des Landes. Zwischen dem 13. und 16. Jahrhundert breitete er sich unter der Wolof-Aristokratie aus, blieb jedoch weiterhin die Religion einer Minderheit. Seinen heutigen Einfluss erreichte der Islam erst im 18. und 19. Jahrhundert, als er sich als antikoloniale Bewegung profilieren konnte und somit großen Zulauf bekam.

Eine Besonderheit des senegalesischen Islam ist, dass fast jeder Gläubige Mitglied einer Bruderschaft ist. Diese von charismatischen Denkern des Sufismus gegründeten und von einem Kalifen geführten Bewegungen bestimmen das gesellschaftliche Leben des Landes in vielerlei Hinsicht. Die einflussreichsten Orden sind

- die Tidschani, eine im 18. Jahrhundert in Fès gegründete Bruderschaft, die etwa 50% der Muslime vereint
- die Muriden, eine bedeutende Bruderschaft, die im Senegal selbst, nämlich 1883 durch Scheich Amadou Bamba Mbacké gegründet wurde. Sie wurde durch die französische Kolonialherrschaft aktiv gefördert und zählt vor allem Wolof-Bauern zu ihren Anhängern; etwa 30% der senegalesischen Muslime gehören den Muriden an.
- die Qadiriyya, einem der ältesten Sufi-Orden, gehören 10-15% der Muslime an, vor allem Mauren und andere Minderheiten.
- der Layène-Orden ist ein relativ kleiner Orden, der nur 20.000-30.000 Mitglieder zählt; er wurde durch Seydina Mouhammadou Limamou Laye gegründet; er ist unter den Lebu der Halbinsel Cap Vert dominant.

Sufi-Schreine und Abbildungen der Gründer der Bruderschaften sind allgegenwärtig; um bedeutende Schreine sind Siedlungen oder gar Städte entstanden. Die heiligen Städte wie Touba, wo Amadou Bamba begraben ist, oder Médina-Gounass existieren fast ausschließlich zur Verehrung der Führer der Bruderschaften und werden von diesen auch verwaltet; sie entziehen sich der regulären Staatsmacht fast vollständig.

Das Christentum gelangte bereits mit der Ankunft der ersten portugiesischen Entdecker in den Senegal. Die christliche Gemeinschaft im Senegal bestand in der Folge hauptsächlich aus den portugiesischen *Lançados* und deren Abkömmlingen, den *Métis*. Die französischen Missionierungsbemühungen während der Kolonialzeit beschränkten sich, um den sozialen Frieden zu wahren, auf die noch nicht islamisierten Völker. Die Christen des Senegal sind somit vor allem unter den Serer und den Diola im Süden des Landes zu finden. Im Allgemeinen ist das Verhältnis zwischen Christen und Muslimen im Senegal von gegenseitigem Respekt geprägt.

Traditionelle afrikanische Religionen kommen im äußersten Süden des Landes vor. Statistiken geben in der Regel den Anteil der diesen Glaubensformen nachgehenden Senegalesen mit 1% an. Spuren des Animismus und des Geisterglaubens sind jedoch landesweit, unabhängig von der Religionszugehörigkeit, vorhanden.[16] [11]

Migration

Migrationen sind in der Sahel-Zone, wo Teile der Bevölkerung nomadisch leben, ein traditioneller Bestandteil der Kultur. Die Viehhirten suchen während der Trockenzeit die Regionen um die Flussläufe auf, während sie in der Regenzeit in das Landesinnere ziehen.

Während der Kolonialzeit begannen Arbeitsmigrationen. Die *navetanes* waren Saisonarbeiter aus den Nachbarstaaten Senegals, die im Erdnussbecken Arbeit fanden. Während diese Art von Migration längst zum Erliegen gekommen ist, ist der Zuzug in die Städte, vor allem Dakar, ungebrochen. Ausbildung und Arbeitsplätze für Menschen mit höherer Bildung sind fast ausschließlich in der Hauptstadt verfügbar.

Die Auswanderung aus dem Senegal, bevorzugt nach Frankreich, begann schon im 19. Jahrhundert. Heute sind neben Frankreich auch die restliche EU, in geringerem Maße auch die USA und andere westafrikanische Staaten, Ziel der Auswanderer. Von den Hunderttausenden Senegalesen, die bereits in Frankreich wohnen, haben viele neben der französischen Lebensart auch die französische Staatsbürgerschaft angenommen. Sie haben einen nicht zu vernachlässigenden Einfluss auf die Kultur des Senegals, und ihre Überweisungen stellen einen bedeutenden Wirtschaftsfaktor dar.[17]

Soziales

Gesundheit

Die öffentlichen Gesundheitsausgaben betrugen 2004 2,4 Prozent des Bruttoinlandproduktes.[18] Die privaten Gesundheitsausgaben betrugen 3,5 Prozent des BIP.[18] 2004 beliefen sich die Gesundheitsausgaben auf 72 US Dollar (Kaufkraftparität) pro Kopf.[18] In den frühen 2000er Jahren betrug die Fruchtbarkeitsrate 5,2.[18] In den frühen 2000er Jahren gab es sechs Ärzte pro 100 000 Einwohner.[18] 2005 betrug die Säuglingssterblichkeit 77 pro 1000 Lebendgeburten.[18]

Bildung

Ein großer Teil der Bevölkerung besteht aus Analphabeten.[19] Dies ist insbesondere bei Frauen der Fall.[19] Etwa 65 Prozent der Bevölkerung sind Analphabeten (unter den Frauen sogar 74 Prozent). Artikel 21 und 22 der im Januar 2001 eingeführten Verfassung garantieren Zugang zur Bildung für alle Kinder.[20] Die Schule ist bis zum Alter von 16 Jahren verpflichtend und kostenlos.[20] Seit 2003 ist das Schulsystem reformiert. Das senegalesische Arbeitsministerium hat geäußert, dass das öffentliche Schulsystem nicht in der Lage sei, die vielen Kinder zu bewältigen, die jedes Jahr aufgenommen werden müssen.[20]

Geschichte

Vorgeschichte

Archäologische Funde auf der Halbinsel Kap Verde und vom oberen Senegal-Tal beweisen, dass der heutige Senegal bereits im Acheuléen besiedelt wurde. Es werden im ganzen Land zahlreiche Hinterlassenschaften der frühesten Bewohner des Landes vermutet, insgesamt ist die Vorgeschichte des Senegal jedoch wenig erforscht. Aus dem Neolithikum und der Eisenzeit sind Megalithen, Hügelgräber und Muschelinseln an den Küsten erhalten. Die mündlich überlieferte Geschichte der Wolof und Serer schreibt dies einem Volk namens *Soose* zu, das die Region damals besiedelt haben soll. Fest steht, dass die damalige Bevölkerung in Dörfern lebte, Landwirtschaft und Viehzucht sowie Fischerei betrieb.

Senegambische Steinkreise

Die westafrikanischen Königreiche

Zeitgenössische Darstellung eines Wolof-Kriegers aus Waalo

Die Einführung der Eisenbearbeitung brachte auch soziale Umwälzungen mit sich. In deren Folge entstanden Staaten; der erste historisch belegte Staat auf dem Gebiet des heutigen Senegal war Takrur. Er entstand etwa zeitgleich mit den östlich gelegenen Gao und Ghana; letzteres entwickelte sich im 9. Jahrhundert zu einem Reich, das sich bis an den Senegal-Fluss ausdehnte. Takrur blieb jedoch aller Wahrscheinlichkeit nach unabhängig. Um 1050 begannen die Almoraviden im heutigen Mauretanien religiös motivierte Feldzüge. Sie schufen ein Reich, das sich von Spanien bis an den Südrand der Sahara erstreckte. Ob Takrur Teil dieses Reiches wurde, ist nicht geklärt. Der Einfluss der Almoraviden stärkte jedoch die Verbindungen zum Islam; der erste König von Takrur, der sich zum Islam bekannte, war War Jaabi.

Im 13. Jahrhundert entstand im unteren Senegal-Delta der Staat Jolof. Dieser Staat war deutlich stärker zentralisiert als Takrur und expandierte schnell in Richtung Süden. Die Vorherrschaft in der Region ging jedoch wenig später an das Malireich verloren. Takrur und Jolof wurden Mali tributpflichtig, die Casamance und das heutige Gambia wurden als Provinzen direkt Teil des Mali-Reiches. Sie erlaubten dem Reich Küstenhandel und vielleicht sogar Erkundungsfahren auf dem Ozean. Das Mali-Reich erlebte den Höhepunkt seiner Macht im 15. Jahrhundert; danach formierten sich die westlichen Teile des Mandinka-Reiches im Staat Gabu, während Jolof sich nördlich des Gambia-Flusses behauptete.

Im Jahre 1444 erreichte das erste portugiesische Schiff die Küste vor dem heutigen Senegal. Die Portugiesen waren vor allem daran interessiert, unter Umgehung der Araber afrikanisches Gold zu handeln. In den folgenden Jahrhunderten wurde der Handel von *Lançados*, also Nachkommen portugiesischer Seefahrer und afrikanischer Frauen, betrieben. Gemeinden von Lançados gab es an zahlreichen Orten entlang der afrikanischen Küste; dies waren jedoch zunächst keine Kolonien. Gegen Ende des 15. Jahrhunderts fand eine starte Nordmigration von Tukulor statt, die den Staat Takrur endgültig zerstörten und Jolof zum Zerfall in mehrere Königreiche brachte, nämlich Waalo, Kaylor, Baol, Sine und Saloum. Diese Staaten waren alle instabil; Adelige, Könige und Angehörige der Krieger-Kaste des alten Mali-Reiches kämpften um Einfluss.

Kolonialzeit

Das *Maison des esclaves* in Gorée, Beispiel für Kolonialarchitektur und Denkmal an die Sklaverei

Die Instabilität der Staaten des heutigen Senegal wurde durch den Sklavenhandel noch verstärkt. Ab dem 17. Jahrhundert wurde das portugiesische Händlernetzwerk durch befestigte französische, niederländische und britische Kolonien, meist auf dem Festland vorgelagerte Inseln, ersetzt. Die kriegerischen Auseinandersetzungen zwischen den Staaten hatten nun zunehmend den Erwerb von Gefangenen zum Ziel. Obwohl die Sklaverei ein Merkmal der traditionellen Gesellschaften war, so hatte die Anzahl der Menschen, die in Richtung Amerika verschleppt wurde, auf die Demographie der Region eine verheerende Wirkung. Als der Sklavenhandel zum Erliegen kam, hatten die Herrschenden wiederum Schwierigkeiten, den

Einnahmenausfall zu kompensieren. Die Folge war eine Serie von islamischen Revolutionen von 1673 bis 1888, die die Könige stürzten und islamische Staaten zu errichten versuchten. Die meisten dieser Revolutionen scheiterte, da die Monarchen von den Franzosen mit Feuerwaffen unterstützt wurden.

Die Franzosen hatten vor allem in Saint Louis und Gorée Kolonien eingerichtet, die formell Gouverneuren der Handelskompanien unterstellt waren. Die Umstände verhinderten es jedoch, dass administrative Strukturen aufgebaut wurden. Die eigentliche Macht in diesen Zentren wurde so langsam von Métis übernommen, die den Handel mit dem Hinterland kontrollierten. So weigerten sich die Métis, das in der Folge der französischen Revolution erlassene Verbot der Sklaverei umzusetzen; dies geschah offiziell erst 1848. Die Métis entwickelten auch neue Handelsaktivitäten, etwa zunächst den Gummi- und später massiv den Erdnussexport.

Bis zum Jahr 1891 kam das gesamte Gebiet des heutigen Senegal unter französische Kontrolle. Die Königreiche wurden durch Kantone ersetzt, denen Adelige nach traditionellem System vorstanden, die aber wenig Einfluss ausüben konnten. Den bedeutend stärkeren Einfluss der aufstrebenden Sufi-Orden nutzten die Franzosen für die Zwecke der Verbreitung des Erdnuss-Anbaus in ihrem Sinne aus. In den vier Kommunen Saint Louis, Gorée, Rufisque und Dakar hingegen entwickelte sich die Gesellschaft nach französischem Vorbild: Es entstanden Zeitungen, politische Parteien und Gewerkschaften; es wurden Wahlen abgehalten und 1914 wurde Blaise Diagne zum ersten afrikanischen Vertreter der Vier Kommunen im französischen Parlament gewählt. 1902 wurde Dakar Hauptstadt der 1895 gegründeten Konföderation Afrique Occidentale Française (AOF).

Die entstehenden Emanzipationsbewegungen wurden durch die beiden Weltkriege, in denen senegalesische Truppen auf französischer Seite eingesetzt wurden, noch verstärkt. Streiks und Revolten zwangen die Kolonialmacht dazu, im Jahre 1956 allen erwachsenen Bürgern der Kolonie das Wahlrecht zu verleihen. Der Politiker, der die Gegensätze der Menschen in den europäisch orientierten Städten und der religiös-konservativen Landbevölkerung am besten vereinen konnte, war Léopold Sédar Senghor. Er schaffte es, eine Koalition zu bilden, die die Sozialisten von Lamine Guèye bis hin zum Kalif des Muriden-Ordens, Falilou Mbacké, verband. Als 1960 die AOF aufgelöst wurde, lehnten zahlreiche führende Persönlichkeiten den Zerfall Westafrikas in kleine Nationalstaaten ab. Konsequenterweise erreichte das Land seine Unabhängigkeit zusammen mit dem heutigen Mali als Mali-Föderation am 20. Juni 1960. Bereits 2 Monate später zerstritten sich Senghor und Modibo Keita jedoch und beide Staaten gingen getrennte Wege. Senghor wurde am 5. September 1960 zum ersten Präsidenten des Landes gewählt.[21]

Seit der Unabhängigkeit

Nach der Unabhängigkeit wurde im Senegal ein Regierungsmodell eingeführt, dass sich sehr stark an Frankreich orientierte: Bis heute ist der Senegal eine stark zentralisierte Präsidialrepublik. Die drei Persönlichkeiten, die die ersten Jahre der Unabhängigkeit dominierten, waren Präsident Léopold Sédar Senghor, Parlamentspräsident Lamine Guèye und Premierminister Mamadou Dia. Letzterer begann ein ehrgeiziges Reformprogramm in wirtschaftlichen und politischen Belangen; er wurde jedoch bereits 1962 der Planung eines Putsches beschuldigt und verhaftet.

Léopold Senghor, 1987

Nach dieser politischen Krise wurde 1963 eine neue Verfassung angenommen, die die Rechte des Präsidenten stärkte; gleichzeitig wurde aus dem Senegal faktisch ein Einparteienstaat, so dass 1965 nur noch die Union Progressiste Sénégalaise des Präsidenten zugelassen war. Senghor verfolgte vor allem eine visionäre Kulturpolitik, in welcher der Staat Festivals, Studios und Museen finanzierte. In der gleichen Zeit begann jedoch ein Preisverfall beim wichtigsten Exportgut des Landes, den Erdnüssen, und eine Serie von Dürren brachte einen weiteren Rückgang der Produktion. Der dadurch verursachte Einnahmenrückgang des Staates führte zu ernsthaften sozialen Spannungen. Angesichts der Krise wurde das politische System wieder liberalisiert, 1974 wurde die Oppositionspartei Parti Démocratique Sénégalais zugelassen und 1980 dankte Senghor als erster afrikanischer Staatschef ab und übergab das Amt an Abdou Diouf.

In die Amtszeit von Diouf fallen vor allem bewaffnete Konflikte im Inneren wie im Äußeren sowie ein stetiger wirtschaftlicher Abstieg. Die Umsetzung der Reformen, die von den Gläubigern des Senegals verlangt wurden, brachte Privatisierungen und das Ende von Subventionen, was die Lebenshaltungskosten der Menschen scharf ansteigen ließ. 1981/82 entsandte der Senegal seine Armee nach Gambia, um Präsident Dawda Jawara in einem Militärputsch beizustehen. Die in der Folge gegründete Konföderation Senegambia hatte jedoch keine lange Lebensdauer. Weiters brach 1982 der Casamance-Konflikt aus, mit der Separatistenbewegung Mouvement des forces démocratiques de la Casamance an dessen Spitze. Streitigkeiten um Weide- und Wassernutzungsrechte am Senegal-Fluss führten schließlich 1989 zu einem Grenzkrieg mit Mauretanien, der 400 Todesopfer forderte und zahlreiche Menschen auf beiden Seiten der Grenze zur Rückkehr in ihr Heimatland zwang. Nach einem Militärputsch im benachbarten Guinea-Bissau entsandten der Senegal und Guinea im Juni 1998 Truppen.

Nachdem alle Wahlgänge in den 1980er und 1990er Jahren zu starken innenpolitischen Spannungen geführt hatten, wurde im Jahr 2000 der erste friedliche Machtwechsel südlich der Sahara vollzogen: Abdoulaye Wade gewann die Präsidentschaftswahlen und, ein Jahr später, gewann seine Partei auch die Präsidentschaftswahlen. Im Januar 2001 wurde die Verfassung per Referendum geändert. Die Amtszeit des Präsidenten wurde auf maximal zwei Mandate à 5 Jahre begrenzt. Die Politik Wades zielt auf Liberalisierung, Investitionsfreundlichkeit und Förderung von Telekommunikation und Tourismus ab, der Erfolg lässt jedoch nach wie vor auf sich warten. Gleichzeitig wird Wade in zunehmendem Maße Klientelismus und Verschwendung vorgeworfen; die Kaufkraft der Senegalesen sinkt nach wie vor und vor allem junge Menschen wenden sich von der Politik ab.[22]

Politik

Innenpolitik

Der Senegal zeichnet sich (seit der neuen Verfassung) durch rechtsstaatliche und demokratische Strukturen aus, grundlegende Freiheitsrechte, insbesondere Religions-, Meinungs-, Presse- und Versammlungsfreiheit, sind gewährleistet.

Ein Problem der Innenpolitik ist der Konflikt mit Casamance, einer südlich von Gambia, aber im Senegal, gelegenen Region. Die Rebellenbewegung MFDC kämpft um deren Unabhängigkeit, da die Region historisch, wirtschaftlich, ethnisch und religiös anders geprägt ist (siehe oben: Untergang der Joola). Seit 2004 gibt es eine vorläufige Beruhigung.

Im Bildungssektor gibt es noch Probleme: 65 Prozent sind Analphabeten, die Einschulungsquote liegt bei 60 Prozent. Es gibt einen großen Unterschied zwischen dem hohen Bildungsstandard einer kleinen Elite und dem niedrigen der Mehrheit der Bevölkerung. Seit 2002/2003 wird dem durch Einführung der nationalen Sprachen in den ersten beiden Grundschuljahren und verstärkte Alphabetisierung Erwachsener entgegengewirkt.

Trotz garantierter Presse- und Meinungsfreiheit ist kritische Berichterstattung nicht uneingeschränkt möglich. Besonders seit der Wiederwahl von Staatspräsident Abdoulaye Wade 2007 sei der „berüchtigte Artikel 80 des Strafrechts" (Schutz der nationalen oder öffentlichen Sicherheit) immer wieder auch gegen die Presse und deren Vertreter angewandt worden, obwohl Wade noch 2004 angekündigt hatte, den Paragraphen zu streichen. Das Institut *Giga* meldet in diesem Zusammenhang: „Erst im Mai 2009 wurde das seit Jahren schwebende Verfahren gegen den bekannten Journalisten, Madiambal Diagne, Eigentümer des „Le Quotidien", eingestellt. Die Zeitung hatte über Korruption beim Zoll und die direkte Einmischung der Exekutive in die Justiz berichtet."[23] Durch bezahlte Schläger der Regierungspartei Parti Démocratique Sénégalais (PDS) seien nach einer Verleumdungsklage Redaktionsräume des Internetportals *24 Heures Chrono* verwüstet worden.

Außenpolitik

Insgesamt dominiert hier die Beziehung zu Frankreich. Die senegalesische Regierung pflegt Diplomatie auf hohem Standard. Dabei bemüht sie sich, eine Balance zwischen Schwellen- und Industrieländern zu wahren, hat also eine Vermittlerrolle.

Die afrikanische Einheit ist das wichtigste Anliegen des Präsidenten. Die CEDEAO (Communauté Economique des Etats de l' Afrique de l' Ouest) ist ein erster Schritt in diese Richtung. Des Weiteren hat der Senegal als eines der wenigen mehrheitlich islamisch geprägten Länder Israel anerkannt und unterhält auch diplomatische Beziehungen zu diesem Staat.

Nach dem verheerenden Erdbeben in Haiti 2010 bot der Präsident des Senegal Abdoulaye Wade den Opfern an, sich hier anzusiedeln. Bei entsprechender Einwanderungszahlen könnte den Haitianern eine ganze Region angeboten werden. Begründet wird der Vorschlag damit, dass die Haitianer als Nachkommen afrikanischer Sklaven auch ein Recht auf ihr „afrikanisches Erbe" hätten.[24] [25]

Verwaltungsgliederung

Regionen

Der Senegal besteht aus 14 Regionen *(régions)*, die ihrerseits in insgesamt 45 Départements eingeteilt sind:

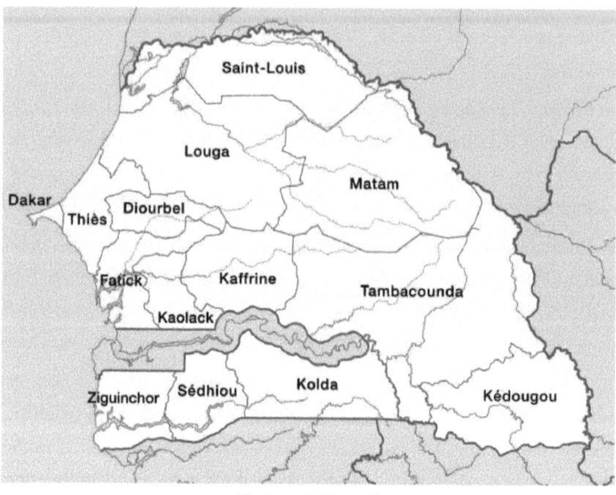

Regionen in Senegal

- Dakar
- Diourbel
- Fatick
- Kaffrine
- Kaolack
- Kédougou
- Kolda
- Louga
- Matam
- Saint-Louis
- Sédhiou
- Tambacounda
- Thiès
- Ziguinchor

Städte

Die größten Städte sind (Stand 1. Juli 2009): Dakar 2.550.000 Einwohner, Touba 529.000 Einwohner, Thiès 275.000 Einwohner, Mbour 216.000 Einwohner, Kaolack 181.000 Einwohner, Saint-Louis 179.000 Einwohner, Ziguinchor 167.000 Einwohner und Diourbel 107.000 Einwohner.

Wirtschaft

Grundsätzlich hat der Senegal den Status eines Entwicklungslandes, ist jedoch im Vergleich zu anderen westafrikanischen Ländern weiter entwickelt, was aber seine Produkte im Regionalvergleich überteuert wirken lässt. Die Nationalparks ziehen einige Touristen an, wobei die Regierung darauf bedacht ist, Massentourismus zu vermeiden.

Landwirtschaft

Im Senegal sind 78 Prozent der Erwerbstätigen im Agrarsektor tätig, der allerdings weniger als 20 Prozent am BIP ausmacht (60 Prozent stammen inzwischen aus dem Dienstleistungssektor, zum Beispiel Tourismus). Gleichzeitig hat das Land mit 47 Prozent eine der höchsten Urbanisierungsraten Afrikas. Aufgrund des ariden Klimas können nur 16 Prozent der Landfläche für landwirtschaftlichen Anbau genutzt werden, lediglich im Senegal-Tal und an den nördlichen Küstenstreifen gibt es Bewässerungslandwirtschaft. Die wichtigsten agrarischen Devisenbringer sind Erdnüsse und Baumwolle: Senegal gehört weltweit zu den größten Erdnussproduzenten. Weil große Teile der Nutzfläche für den Erdnussanbau gebraucht werden, kann der Eigenbedarf an Grundnahrungsmitteln nicht gedeckt werden. Daher werden diese (vor allem Reis und Weizen) in großen Mengen importiert, was zu einem enormen Devisenverbrauch führt.

Fischerei

Fischzucht ist inzwischen der wichtigste Wirtschaftszweig, da die Küstengewässer des Senegal reiche Fischfanggründe aufweisen. Die senegalesischen Kleinfischer können die lokalen und regionalen Märkte ausreichend versorgen. Die Fangrechte für Hochseefischerei sind jedoch an Japan und Südkorea verkauft. Insgesamt stellt der Fischfang heute das wichtigste Exportgut Senegals dar (28,5 Prozent) und hat den früher dominierenden Erdnussanbau abgelöst.

Ein Fischer im Senegal bereitet das Räuchern von Fisch vor.

Industrie und Bergbau

Der Senegal hat eine verhältnismäßig weit entwickelte verarbeitende Industrie (allerdings nur in den Großstädten), aber das Industriekapital ist in ausländischer Hand. Wichtige Industriezweige sind Lebensmittel- (Öl, Fisch, Zucker), chemische Industrie und Textilverarbeitung.

Als Bodenschätze sind Phosphat und Gold zu nennen,[26] ebenso Eisenerz und Erdöl. Im Februar 2007 wurde zwischen ArcelorMittal und dem Senegal ein Abkommen zur Erschließung der Eisenerzvorkommen im Osten des Landes unterzeichnet.

Energie

Im Jahr 2005 wurden 2,22 Milliarden Kilowattstunden elektrische Energie erzeugt.[27] Der Großteil des Stromes (88 Prozent) stammt aus ölbefeuerten Wärmekraftwerken. Im Senegal hat die staatliche SENELEC ein Monopol auf die Erzeugung, Verteilung und Abrechnung von elektrischer Energie. Dieses Unternehmen ist durch Unterinvestitionen und den stark gestiegenen Ölpreis in schwere wirtschaftliche Nöte gekommen, was zu einer bereits mehrere Jahre anhaltenden Energiekrise im gesamten Land geführt hat. Nothilfe von der Regierung und aus dem Ausland hat das Problem nicht nachhaltig lösen können. Neue Kraftwerke sind im Bau und sollen 2010 in Betrieb gehen: zwei Wärmekraftwerke, davon eines mit Diesel und eines mit Kohle betrieben.[28] .

Staatshaushalt

Der Staatshaushalt umfasste 2009 Ausgaben von umgerechnet 3,4 Mrd. US-Dollar, dem standen Einnahmen von umgerechnet 2,8 Mrd. US-Dollar gegenüber. Daraus ergibt sich ein Haushaltsdefizit in Höhe von 4,7 % des BIP.[29] Die Staatsverschuldung betrug 2009 3,8 Mrd. US-Dollar oder 29,8 % des BIP.[29]

2006 betrug der Anteil der Staatsausgaben (in % des BIP) folgender Bereiche:

- Gesundheit:[30] 5,8 %
- Bildung:[29] 5,0 %
- Militär:[29] 1,4 % (2005)

Verkehr

Mit dem Transport von Personen oder Gütern wurden im Jahr 2009 3,5 % des Bruttoinlandsproduktes des Senegal bewirtschaftet. Die Straße dominiert diesen Wirtschaftszweig: 99 % des gesamten Personenfernverkehrs und 95 % des Transportvolumens werden auf der Straße abgewickelt. Drei Viertel aller öffentlichen Investitionen in Infrastruktur werden für den Straßenverkehr aufgewendet. Er bietet etwa 300.000 Personen Arbeit, in meist informellen Beschäftigungsverhältnissen.[31] [32] [33]

Straßenverkehr

Offiziell besitzt der Senegal ein Straßennetz mit einer Gesamtlänge von 14.825 km, oder 23,1 km pro 1000 km² landesweit. Gegenüber dem Jahr 1992, als das Land über 14.280 km verfügte, ist es somit kaum gewachsen. Weiters sind 10.000 km nicht befestigt, selbst 15 % oder 507 km der höchsten Straßenkategorie, den Nationalstraßen, sind unbefestigt. Für das Jahr 2008 wurde angegeben, dass weniger als 40 % der Straßen in gutem Zustand seien. Dies ist immerhin eine Verbesserung gegenüber 2001, als nur 30 % in gutem Zustand waren.

Nach wie vor sind 30 % der Landbevölkerung weiter als 5 km von einer befahrbaren Straße entfernt, besonders im Osten des Landes, wo auf 1000 km² nur 10-20 km Straße kommen. In den letzten Jahren hat die Regierung das Ziel, Verkehr und Transport für die Landbevölkerung zugänglich zu machen und ihnen damit einen Ausweg aus der Armut zu bieten, konstant verfehlt.

Im Jahr 2008 waren im Senegal 293.800 Fahrzeuge registriert, davon drei Viertel in Dakar, zwei Drittel waren PKWs, 80 % sind als Gebrauchtwagen ins Land gekommen und 60 % waren mit Dieselmotoren ausgestattet. Der Altersdurchschnitt der Fahrzeuge lag bei 10,8 Jahren, was auf eine nach wie vor sehr hohes Alter vieler Fahrzeuge hindeutet, was jedoch gegenüber 2001 eine Verbesserung darstellt. Dies ist auf das Verbot des Imports von Fahrzeugen, die älter als fünf Jahre alt sind, zurückzuführen. Im Jahr 2008 kamen 237 Menschen bei Unfällen ums Leben, was für ein Land mit so geringer Motorisierung ein bemerkenswert hoher Wert ist.[34]

Staatlich organisierten öffentlichen Verkehr gibt es nur in der Hauptstadt Dakar, wo der Busverkehr seit dem Jahr 2000 von Dakar Dem Dikk abgewickelt wird. Dieses Unternehmen, das zu 70 % dem Staat gehört, kämpft aufgrund des hohen Alters seines Fahrzeugparkes und den damit verbundenen hohen Instandhaltungskosten mit chronischen Finanzproblemen. Ansonsten wird der öffentliche Verkehr von einer Vielzahl kleiner Unternehmen abgewickelt, die so genannte *Cars rapides*, *Ndiaga Ndiaye* oder Sammeltaxis (sept-places, taxi-brousse) betreiben.[35]

Ein *car rapide*

Für die verkehrstechnische Anbindung des Südteils des Landes stellt der Staat Gambia, dessen Territorium tief in das Gebiet des Senegal hineinreicht, eine Herausforderung dar. Sämtliche Transporte aus oder in die Casamance müssen entweder einen langen Umweg oder zwei Grenzübertritte und eine Fahrt über den Gambia-Fluss mit einer Fähre in Kauf nehmen. Die damit verbundenen Kosten und Zeitaufwände führen immer wieder zu Ärgernissen zwischen diesen beiden Nachbarstaaten.

Eisenbahnverkehr

Dakar Hauptbahnhof

Das Bahnnetz des Senegal hat auf dem Papier eine Länge von 906 km. Dazu gehören eine 70 km lange zweigleisige Strecke zwischen Dakar und Thiès, die 574 km lange Strecke von Thiès nach Kidira, die 193 km lange Strecke von Thiès nach Saint-Louis sowie drei kleinere Zweiglinien. Die erste Eisenbahn des Landes wurde bereits im Jahr 1885 zwischen Dakar und Saint-Louis geöffnet, seit 1968 wurde das Netz jedoch nicht mehr erweitert und lange Abschnitte wurden seit ihrer Inbetriebnahme nicht mehr erneuert. In der Realität ist der Verkehr nach Saint-Louis bereits seit 1999 eingestellt, zwischen Dakar und Thiès ist nur ein Gleis benutzbar. Die bis 2003 durch die Société Nationale des Chemins de Fer du Sénégal betriebene Strecke von Dakar nach Bamako, die 1287 km lang ist, wird seit ihrer Privatisierung durch das Unternehmen Transrail betrieben, das sich für einen Preis von 24 Millionen Euro und einer Zusage zu Investitionen von 50 Millionen Euro die Konzession für 25 Jahre gesichert hat. Der inländische Gütertransport auf der Schiene ist seitdem um zwei Drittel gesunken, das auf der Schiene von und nach Mali transportierte Volumen ist hingegen annähernd gleich geblieben und macht mit 310.000 t pro Jahr etwa die Hälfte des mit dem Nachbarland ausgetauschten Volumens aus.[36] [37] [38] Transrail befindet sich derweil in großen finanziellen Schwierigkeiten, um eine Rettung des Unternehmens wird gerungen.[39] [40]

Mit dem Petit train de banlieue gibt es in Dakar einen schienengebundenen Vororteverkehr, der im Jahr 2009 4,9 Millionen Passagiere transportieren konnte, dessen Anteil am gesamten Fahrgastvolumen der Hauptstadt jedoch weniger als ein Prozent ausmacht.[41]

Luftverkehr

Der Senegal verfügt mit dem Flughafen Dakar-Léopold Sédar Senghor über einen internationalen Flughafen, während sich ein modernerer Flughafen in der Gemeinde Diass, etwa 45 km von Dakar entfernt im Bau befindet. In Saint Louis, Cap Skirring und Ziguinchor gibt es Flugplätze, die internationalen Standards entsprechen, zahlreiche weitere Städte haben eigene Landebahnen. Im Jahr 2009 wurden im Senegal 1,6 Millionen Flugpassagiere gezählt, was gegenüber 2007 und 2008, als es noch 1,9 Millionen Passagiere waren, einen deutlichen Rückgang darstellt. Dies wird vor allem auf den Bankrott der nationalen Fluglinie Air Sénégal International zurückgeführt, die 2009 ihren Flugbetrieb einstellen musste. Seit Januar 2011 gibt es mit Sénégal Airlines eine neue senegalesische Fluglinie, die mit vier Flugzeugen diverse Ziele in Afrika anfliegt. Aufgrund der geringen Größe des Landes und den Gemessen an niedrigem Durchschnittseinkommen hohen Kosten des Luftverkehrs wird für den Luftverkehr des Landes keine bedeutende Entwicklung vorhergesagt.

Schiffsverkehr

Über den Seeweg wickelt der Senegal 95 % seines gesamten Außenhandels ab. Der mit Abstand wichtigste Hafen ist der Port autonome de Dakar. Er erreichte im Jahr 2009 einen Umschlag von 9,5 Millionen Tonnen, wobei 7,4 Millionen gelöscht und 2,1 Million Tonnen geladen wurden. 700.000 t wurden im Transitverkehr durch den Senegal in ein anderes Westafrikanischesland befördert, davon 600.000 t von und nach Mali. Weitere Häfen befinden sich in Kaolack und Ziguinchor, wobei letzterer 2009 einen Umschlag von 85.000 t erreichte und kürzlich um 6 Millionen Euro revitalisiert wurde. Für die Anbindung der Casamance an den Rest des Landes ist der Fährverkehr zwischen Dakar und Ziguinchor von besonderer Bedeutung. Nach dem Untergang der Fähre *Le Joola* im Jahr 2002 besitzt man seit 2008 eine um 25 Millionen € aus Deutschland beschaffte Fähre namens *Aline Sitoe Diatta*, mit der 2009 86.000 Passagiere befördert wurden.[42]

Kultur

Nationale Symbole

Die drei panafrikanischen Farben sind nach dem Vorbild der Trikolore angeordnet. Der fünfzackige Stern symbolisiert die Freiheit und den Fortschritt. Die Flagge besteht seit 1960. Näheres über das Staatswappen findet sich im Artikel Wappen des Senegal.

Die Nationalhymne mit dem Text von Léopold Sédar Senghor lautet: *Pincez Tous vos Koras, Frappez les Balafons* .... Auf deutsch: „Zupft alle eure Koras, schlagt die Marimbas, der rote Löwe hat gebrüllt ..."

Presse, Rundfunk und Kommunikation

Bereits im Jahr 1856 nahm die Zeitung *Moniteur du Sénégal et dépendances* (sinngemäß: Senegalesische Nachrichten aus den Bezirken) mit Sitz in St. Louis ihre Arbeit auf. Die meisten senegalesischen Presseorgane sind jedoch erst im zwanzigsten Jahrhundert während der Kolonialzeit entstanden. Ein Missionssender, vor allem von protestantischen Missionsstationen im frühen zwanzigsten Jahrhundert gegründet, verbreitete die biblische Botschaft. Kritik daran wurde nicht geduldet.[43]

Nach dem Ersten Weltkrieg entwickelten sich, parallel zur Gründung der Gewerkschaften, die ersten Zeitschriften für die senegalesischen Arbeiter, beispielsweise *Voice of Workers of Senegal* (1938 gegründet). Erst nach dem Zweiten Weltkrieg hatte der Kontinent Zugang zu modernen aktuellen Informationsmedien. In den 1950er Jahren entwickelte die Zeitschrift *Présence africaine*, 1947 von Alioune Diop gegründet, die Idee einer panafrikanischen Informationsfreiheit.

1959 wurde die senegalesischen Presseagentur (APS) gegründet. Sie ist eine autonome Einrichtung und hat das Monopol auf die Verbreitung von Informationen im Senegal über andere Nachrichtenagenturen weltweit. In der Weltrangliste der Pressefreiheit, erstellt von *Reporter ohne Grenzen*, belegt der Senegal den 86. Platz im Jahr 2008 (von insgesamt 173 Ländern),[44] was im Vergleich aller westafrikanischen Länder einer überdurchschnittlich guten Platzierung entspricht.

Die wichtigsten aktuellen Presseorgane sind

- Tageszeitungen: *Le Soleil* (Die Sonne) gegründet 1970 als regierungsnahe Zeitung, *Sud Quotidien*, eine unabhängige Zeitung, Das Boulevardblatt *Wal Fadjri* oder die umsatzstarke neutrale Zeitung *l'Observateur* und andere
- Eine Besonderheit des senegalesischen Pressewesens ist die Existenz satirischer Zeitschriften wie *Le Cafard libéré* (Die freie Küchenschabe), gegründet unter expliziter Anspielung auf eine Französische Zeitschrift, *Le Canard enchainé* (Die gefesselte Ente) oder *Le Politicien* (Der Politiker)
- Es gibt verschiedene Sport- und Frauen- bzw. Wellnesszeitschriften (*Amina*, Magazin für afrikanischen und karibische Frauen) und mit zunehmender Beliebtheit Kinder- und Jugendzeitschriften (*Planète Enfants* oder *Planète Jeunes*)
- Zu den panafrikanischen Zeitschriften gehören die wöchentlich erscheinende *Jeune Afrique*, gegründet 1960 und beliebt vor allem in der Oberschicht, sowie Titel der internationalen französischen Presse, wie *Le Monde*, *Le Figaro*, *International Herald Tribune* oder der englischsprachige *The Guardian*
- Auch im Senegal ist die Presse, wie auch anderswo, zunehmend der Konkurrenz durch andere Medien unterworfen, wie z.B. den Onlineplattformen *Rewmi*, *Nettali* oder *Politicosn et Leral*

Rundfunk

Aus wirtschaftlichen Gründen und wegen der einfachen Handhabung ist das Radio das einzige wirkliche Massenmedium für die breite Bevölkerungsmehrheit im Senegal.[45] Obwohl die Medien im Senegal eine im Vergleich zu anderen afrikanischen Ländern relativ starke Position genießen,[46] führt die Abhängigkeit von Energie gelegentlich zu gesellschaftlichen Unruhen.

- Zwei Hörfunkprogramme des öffentlich-rechtlichen Senders Radio-Télévision sénégalaise (*RTS*) sind über UKW nahezu flächendeckend (11 bis 14 Stationen) zu empfangen. Das nationale Programm *Chaîne Nationale* und 11 regionale UKW-Stationen (mit nationalem Mantelprogramm)[47] bieten Sendungen in den verschiedenen Sprachen ihres Sendegebiets an. Hinzu kommt das Programm *Radio Sénégal International*, das auch über Satellit (Eutelsat 7 Grad Ost) ebenfalls nur in den Landessprachen empfangbar ist und dessen französische Sendungen sich neben der inländischen Bevölkerung auch an ein internationales Publikum richten. Kurz- und Mittelwellensender wurden abgeschaltet.
- Es gibt zahlreiche beliebte Programme in den regional verbreiteten Sprachen. Darunter auch einige weltweit über das Internet empfangbar.
- International im Senegal vertretene Radiostationen sind Radio Africa No. 1 aus Gabun oder Radio France Internationale.

Fernsehen gibt es im Senegal seit 1963. Es wurde mit Hilfe der UNESCO gegründet, regelmäßige Sendungen gibt es aber erst seit 1965. Über Satellit sind zahlreiche internationale private Sender verfügbar, allerdings aus Kostengründen unter Ausschluss der breiten Bevölkerungsmehrheit. Fernsehen ist beliebt, muss aber oft kollektiv von mehreren Haushalten gemeinsam genutzt werden.

- Der öffentlich-rechtliche Sender *RTS* bot lange Zeit das einzige empfangbare Fernsehprogramm an. Er ist ebenfalls u. a. über Eutelsat empfangbar. Terrestrischen Empfang gibt es nicht mehr.
- Ein nationales privates Fernsehvollprogramm ist 2sTV. Daneben gibt es noch einige Spartenprogramme und Bezahlfernsehen.

Internet und Telekommunikation

Nach Angaben der *les Systèmes d'Information, les Réseaux et les Inforoutes au Sénégal* (Beobachtungsstelle für Informationssysteme, Netzwerke und Informationsübertragung in Senegal, OSIRIS),[48] gab es im September 2007 650.000 Internetnutzer und 34.907 Teilnehmeranschlüsse, darunter 33.584 mit einer ADSL-Verbindung. Schätzungen gehen derzeit im Senegal von 800 Zugangsknoten zum Internet aus. Im April 2007 waren 1921 Domains unter der Top Level Domain „. Sn“ gemeldet, aber nur 540 Seiten waren tatsächlich online.

In einem Land, in dem Freundlichkeit und mündliches Verhandeln im Mittelpunkt familiären und gesellschaftlichen Lebens stehen, hat Mobiltelefonie schnell Marktanteile gewonnen. Die beiden Betreiber, die sich den senegalesischen Markt aufteilen, sind derzeit *Sonatel* (deren Leistungen seit 2006 unter der Marke *Orange* vertrieben werden) und *Tigo*. Zusammen hatten sie im Dezember 2007 4.122.867 registrierte Nutzer.[49] Zeitgleich wurden 269.088 Festnetztelefonate am selben Tag gezählt, hinzu kommen Gespräche aus den 17.000 öffentlichen Telefonen im gesamten Gebiet.[49]

Film

Der senegalesische Schriftsteller und Filmemacher Ousmane Sembène gilt als „Vater“ des afrikanischen Films.

Zu den bedeutendsten Regisseuren des afrikanischen Kinos zählte auch Djibril Diop Mambéty.

Traditionelles Leben

Da die Muslime, insbesondere die Muriden, den Hauptteil der Bevölkerung stellen, sind auch die islamischen Feiertage von besonderer Bedeutung. Einer der wichtigsten von ihnen ist der Maouloud, der Geburtstag des Propheten Mohammed, der – nach christlicher Zeitrechnung – im Jahr 570 stattfand. So finden im Senegal Wallfahrten zu bestimmten Orten statt, so zum Beispiel seit 150 Jahren nach Tivaouane im Nordosten des Landes, auch der Staatspräsident nimmt manchmal teil, oder nach Kaolack.

Musik

Für alle Völker des Senegals ist Musik, kombiniert mit Tanz und Erzählung, die wichtigste künstlerische Ausdrucksform. Traditionellerweise wird Musik durch die Griots gemacht, wobei Schlag- und Saiteninstrumente zum Einsatz kommen. Die wichtigsten Instrumente sind die Lauten Xalam, Riti oder die Kora, die eigentlich aus dem benachbarten Mali stammt. Die Trommel Tama, die die Form einer Sanduhr hat und unter den Arm geklemmt geschlagen wird, ist das Schlaginstrument, das am häufigsten anzutreffen ist. Alle Ereignisse im öffentlichen oder privaten Leben werden traditionell von Musik, seien es Sologesänge, Gesänge mit Orchesterbegleitung oder rein instrumentale Darbietungen, begleitet.

Das Orchestre Baobab 2008 in New York

Das 20. Jahrhundert hat der senegalesischen Musik bedeutende Weiterentwicklungen gebracht. In den 1930er Jahren kam Jazzmusik durch das Radio in das Land und wurde von der urbanen Bevölkerung sofort als Gegenkonzept zur französischen Kolonialkultur aufgenommen. Die bedeutendste Künstlerin dieser Zeit war Aminata Fall, die Sängerin von Star Jazz. Bis in die 1970er Jahre wurde die Musikszene durch afrokubanischen Jazz dominiert, der mit senegalesischen und anderen afrikanischen Elementen kombiniert wurde, hier ist das Orchestre Baobab zu nennen. In den 1980er Jahren wurde der Mbalax, bei dem das senegalesische Perkussionselement den Jazz dominiert, populär. Die wichtigsten Größen des Mbalax sind Youssou N'Dour, Ismaël Lô, Omar Pene und Baaba Maal. Ursprünglich als zu vulgär bezeichnet, durfte er im senegalesischen Radio vor 1988 nicht gespielt werden; dies änderte sich erst 1988. Heute ist Mbalax omnipräsent in Medien und Werbung.

In den späten 1980er Jahren begannen Rap und Hip-Hop im Senegal Fuß zu fassen. Der entstehende Senerap wurde unter jenen Jugendlichen des Landes, die aus wirtschaftlichen Gründen von der Konsumorientierung des Mbalax ausgeschlossen waren, populär. Gleichzeitig ist der senegalesische Rap nach französischem Vorbild sehr politisch, spricht direkt soziale Konfliktpunkte an und brüskiert die ältere, konservative und islamische Generation bewusst. Die erste erfolgreiche senegalesische Rap-Gruppe war Positive Black Soul, heute ist Akon der bedeutendste Rapper des Landes.[50] [51]

Essen und Trinken

Die traditionellen Grundnahrungsmittel der Bevölkerung des Senegal sind Hirse und Sorghum, die vorwiegend als Brei gegessen werden, sowie Hülsenfrüchte und Kuhmilch. Diese werden auch heute noch konsumiert, vorwiegend jedoch am Land. In den Städten wird Reis bevorzugt. Reis wird zwar in der Casamance seit langem angebaut und spielt dort eine große kulturelle Rolle, die Produktion reicht jedoch bei weitem nicht aus, um den Bedarf des Landes zu decken. Der Großteil des Verbrauches muss daher durch Importe gedeckt werden; dies gilt auch für Weizen, der für die populären, von den Franzosen übernommenen, Baguettes benötigt wird.

Zahlreiche Gemüsesorten wie Zwiebeln, Paprika, Süßkartoffeln, Karotten, Yams und Auberginen sind durch Bewässerungsfeldbau ganzjährig verfügbar; Früchte wie Melonen, Mangos oder Zitrusfrüchte sind nur zu bestimmten Jahreszeiten zu haben und kommen vor allem aus den *Niayes*, den relativ humiden Niederungen zwischen den Dünen. Die wichtigste Proteinquelle sind Fische, die entlang der Küste frisch, im Inland getrocknet verarbeitet werden. Fleisch wird in der Regel nur an Festtagen konsumiert.

Die warmen Mahlzeiten werden traditionellerweise in einem großen Topf gereicht, rund um welchen die Familienmitglieder am Boden kauern. Gegessen wird mit den Fingern oder zunehmend mit Löffeln. In großen Familien essen die Frauen und Kinder von den Männern getrennt.

Den Status des Nationalgerichtes nimmt die Thieboudienne, ein Gericht aus in Tomatensoße gekochtem Reis, geschmortem Gemüse und Fisch. Yassa ist Fleisch oder Fisch, welches mariniert, gebraten und mit Reis serviert wird. Maafe ist ein Gericht, bei welchem Fleisch und Gemüse in Erdnusssoße geschmort und mit Reis serviert werden.[52]

Die bekanntesten Getränke des Senegal sind Bissap und Gingembre, die aus Hibiskusblüten bzw. Ingwer hergestellt werden. Man konsumiert sie süß und kalt. Ataya ist der senegalesische Tee, der meist in einer langen Zeremonie aus kleinen Gläsern getrunken wird. Obwohl der Senegal ein muslimisch dominiertes Land ist, wird im Senegal Bier gebraut.[53]

Sport

Yékini, der amtierende Champion im Schwergewicht

Zwei Sportarten dominieren im Senegal, nämlich das senegalesische Ringen und der Fußball. Das Ringen im Senegal ist ein Kampfsport, der seine Wurzeln sowohl in kriegerischen Auseinandersetzungen als auch in traditionellen afrikanischen Religionen hat. Er hat sich deshalb nur in jenen Völkern erhalten, die nicht oder spät islamisiert wurden, also vor allem unter den Diola, Serer und Lebu. Bei einem Ringkampf, der traditionellerweise auf dem Dorfplatz stattfindet und *Mbapat* genannt wird, treten nicht nur die Kämpfer selbst, sondern auch die Schutzgeister aller Involvierten gegeneinander an. Einem Mbapat gehen deshalb langwierige rituelle Handlungen und Opfer voraus. Der Kampf selbst dauert nur kurz; wer als erstes den Boden mit einem anderen Körperteil als Hand oder Fuß berührt, geht als Verlierer vom Platz. Das Ringen, das ursprünglich eine Beschäftigung der Dorfbevölkerung war, wurde ab 1920 in den Städten populär, wurde 1959 zum Nationalsport erklärt und hat seitdem in Medien und Politik Fuß gefasst. Speziell die Schwergewichts-Stars mit furchterregenden Namen wie Tyson, Bombardier oder Yékini haben große Anhängerschaften und sind in der Klatschpresse sehr präsent.[54]

Der senegalesische Fußball kennt eine offizielle Liga, die zwar einerseits unter schlechter Infrastruktur und Unterbezahlung leidet, andererseits jedoch einheimischen Talenten als erstklassiges Sprungbrett in europäische Clubs dient; zu den Stars, die diesen Weg gingen, gehört El Hadji Diouf. Daneben existieren zahlreiche *nawetaan*-Clubs, die ursprünglich in Gemeinschaften von Arbeitsmigranten entstanden und so in die Städte kamen. Sie finanzieren sich fast ausschließlich aus lokalen Quellen und spielen in den Zuwanderervierteln eine sehr hohe Bedeutung.[55] Den größten Erfolg ihrer Geschichte erreichte die senegalesische Fußballnationalmannschaft bei der Weltmeisterschaft 2002 in Südkorea und Japan. Sie siegten im ersten Gruppenspiel überraschend gegen die französische Mannschaft und erreichten später das Viertelfinale; Erwartungen von Experten wurden dabei bei weitem übertroffen. Die Mannschaft des Senegal belegte im Juni 2004 mit dem 26. Platz ihre höchste Platzierung in der FIFA-Weltrangliste und im Dezember 1998 mit dem 95. die niedrigste (Stand: Mai 2010).[56]

Zu den Sportarten, die durch die Franzosen in den Senegal einführten, gehören neben Fußball auch Radsport, Leichtathletik, Gymnastik, Basketball und Schwimmsport in den Senegal. Muslimische Führer widersetzten sich zuerst dem Versuch, im Senegal eine europäische Sportkultur zu etablieren. 1930 wurde Sport auch für Frauen erlaubt.[57] Die frühesten internationalen Erfolge auf sportlichem Gebiet errang 1922 der senegalesische Boxer

Battling Siki, der im Kampf gegen den Franzosen Georges Carpentier als erster Afrikaner Boxweltmeister wurde.[58] Der senegalesische Speerwerfer Samba Ciré nahm für Frankreich an den Olympischen Sommerspielen 1924 teil. Ebenfalls für Frankreich gewann der 200-Meter-Läufer Abdouleye Seye an den Olympischen Sommerspielen 1960 in Rom eine Bronze-Medaille. In den Jahren nach der Unabhängigkeit wurde ein Nationales Olympisches Komitee gegründet und senegalesische Sportler nahmen regelmäßig an Olympischen Sommerspielen und manchmal auch an Winterspielen teil. Die erste olympische Medaille für den Senegal gewann der 400-Meter-Hürdenläufer Amadou Dia Ba bei seinem zweiten Platz 1988 in Seoul. Bei den Leichtathletik-Weltmeisterschaften 2001 gewann Amy Mbacké Thiam den 400-Meter-Lauf.[57]

Literatur

- Mamadou Diouf: *Une histoire du Sénégal. Le modèle islamo-wolof et ses périphéries.* Maisonneuve & Larose, Paris 2001, ISBN 2-7068-1503-5.
- Sheldon Gellar: *Democracy in Senegal. Tocquevillian analytics in Africa.* Palgrave Macmillan, New York 2005, ISBN 1-4039-7027-0.
- Werner Glinga: *Literatur in Senegal. Geschichte, Mythos und gesellschaftliches Ideal in der oralen und schriftlichen Literatur.* Reimer, Berlin 1990, ISBN 3-496-00460-6 (zugleich Habilitationsschrift, Universität Bayreuth 1987).
- Roman Loimeier: *Säkularer Staat und islamische Gesellschaft : die Beziehungen zwischen Staat, Sufi-Bruderschaften und islamischer Reformbewegung in Senegal im 20. Jahrhundert*, Münster : Lit, 2001
- Brigitte Reinwald: *Der Reichtum der Frauen. Leben und Arbeit der weiblichen Bevölkerung in Siin/Senegal unter dem Einfluss der französischen Kolonisation.* LIT-Verlag, Münster 1995, ISBN 3-89473-778-6 (zugleich Dissertation, Universität Hamburg 1994).
- Paulin Soumanou Vieyra: *Le cinéma au Sénegal.* L'Harmattan, Paris 1983, ISBN 2-85802-280-1.
- Katharina Kane: *Lonely Planet the Gambia & Senegal* (Lonely Planet Gambia and Senegal). Lonely Planet Publications, Erscheinungsort 2006, ISBN 1-74059-696-X.

Weblinks

- Offizielle Homepage der Regierung des Senegal [59]
- L'Afrique – Sénégal – Fotosammlung aus Dakar und Kaolack [60]
- Ethnologue.com: Liste von Sprachen im Senegal [61] (englisch)
- Die Islamizität Senegals [62]

Einzelnachweise

[1] CIA World Factbook Senegal (https://www.cia.gov/library/publications/the-world-factbook/geos/sg.html)

[2] International Monetary Fund, World Economic Outlook Database, April 2008 (http://www.imf.org/external/pubs/ft/weo/2008/01/weodata/weorept.aspx?sy=2007&ey=2007&ssd=1&sort=country&ds=,&br=0&c=512,446,914,666,612,668,614,672,311,946,213,137,911,962,193,674,122,676,912,548,313,556,419,678,513,181,316,682,913,684,124,273,339,921,638,s=NGDPD,NGDPDPC&grp=0&a=&pr1.x=29&pr1.y=7)

[3] Nach dem Duden kann für den Staat Senegal wahlweise ein Artikel verwendet werden oder nicht: www.duden.de zur Schreibung von Senegal (http://www.duden.de/sprachratgeber/staatennamen)

[4] auswaertiges-amt.de: *Verzeichnis der Staatennamen für den amtlichen Gebrauch in der Bundesrepublik Deutschland* (http://www.auswaertiges-amt.de/cae/servlet/contentblob/332368/publicationFile/3097/Staatennamen.pdf)

[5] http://toolserver.org/~geohack/geohack.php?pagename=Senegal&language=de¶ms=12.3741666667_N_12.5383333333_W_region:SN_type:mountain(581)&title=H%C3%B6chste+Erhebung+des+Senegal

[6] John F. McCoy (Hrsg.): *Geo-Data: The World Geographical Encyclopedia*, Farmington Hills 2003, ISBN 0-7876-5581-3, S. 476

[7] Wiese, Bernd: *Senegal, Gambia - Länder der Sahel-Sudan-Zone*, Gotha 1995, ISBN 3-623-00664-5, S. 18-19, S. 22-24

[8] Wiese, Bernd: *Senegal, Gambia - Länder der Sahel-Sudan-Zone*, Gotha 1995, ISBN 3-623-00664-5, S.24-31

[9] Wiese, Bernd: *Senegal, Gambia - Länder der Sahel-Sudan-Zone*, Gotha 1995, ISBN 3-623-00664-5, S.93-98

[10] Wiese, Bernd: *Senegal, Gambia - Länder der Sahel-Sudan-Zone*, Gotha 1995, ISBN 3-623-00664-5, S.62-66

[11] Ross, Eric S.: *Culture and Customs of Senegal*, Westport 2008, ISBN 978-0-313-34036-9, S. 7-13
[12] Ross, Eric S.: *Culture and Customs of Senegal*, Westport 2008, ISBN 978-0-313-34036-9, S. 7
[13] Ross, Eric S.: *Culture and Customs of Senegal*, Westport 2008, ISBN 978-0-313-34036-9, S. 7-10
[14] Ross, Eric S.: *Culture and Customs of Senegal*, Westport 2008, ISBN 978-0-313-34036-9, S. 44
[15] Ross, Eric S.: *Culture and Customs of Senegal*, Westport 2008, ISBN 978-0-313-34036-9, S. 2
[16] Wiese, Bernd: *Senegal, Gambia - Länder der Sahel-Sudan-Zone*, Gotha 1995, ISBN 3-623-00664-5, S.66-68
[17] Wiese, Bernd: *Senegal, Gambia - Länder der Sahel-Sudan-Zone*, Gotha 1995, ISBN 3-623-00664-5, S.58-62
[18] Human Development Report 2009: *Senegal* (http://hdrstats.undp.org/en/countries/data_sheets/cty_ds_SEN.html)
[19] Human Development Report 2009: *Senegal* (http://hdrstats.undp.org/en/countries/data_sheets/cty_ds_SEN.html), abgerufen am 7. Januar 2010 (englisch).
[20] "Senegal". *2005 Findings on the Worst Forms of Child Labor* (http://www.dol.gov/ilab/media/reports/iclp/tda2005/tda2005.pdf). Bureau of International Labor Affairs, U.S. Department of Labor (2006).
[21] ORF: *ORF.at: Radiokolleg - 50 Jahre Unabhängigkeit im Senegal* (http://oe1.orf.at/programm/230045), abgefragt am 4. September 2010
[22] Ross, Eric S.: *Culture and Customs of Senegal*, Westport 2008, ISBN 978-0-313-34036-9, S. 13-30
[23] Heinrich Bergstresser im Magazin *Giga Focus*, Nr. 7/2009: (http://www.giga-hamburg.de/dl/download.php?d=/content/publikationen/pdf/gf_afrika_0907.pdf), S. 5
[24] Zeit online, 17. Januar 2010, Senegals Präsident will Erdbebenopfern Land anbieten (http://www.zeit.de/newsticker/2010/1/17/iptc-bdt-20100117-95-23575448xml)
[25] Münchener Merkur, 18. Januar 2010, Senegal bietet Haitianern Land an
[26] Oromin Explorations: Exploration der Goldvorkommen (http://www.oromin.com/s/Senegal_Sabodala.asp) (englisch)
[27] Energy Information Administration (http://www.eia.doe.gov/emeu/international/electricitygeneration.html) abgerufen am 25. Oktober 2008
[28] Edgard Gnansounou: *Boosting the Electricity Sector in West Africa: An Integrative Vision* (http://infoscience.epfl.ch/record/121579/files/). In: IAEE Energy Forum, Vol. 17, Third Quarter, pp. 23–29, 2008.
[29] The World Factbook (https://www.cia.gov/library/publications/the-world-factbook/geos/sg.html)
[30] Der Fischer Weltalmanach 2010: Zahlen Daten Fakten, Fischer, Frankfurt, 8. September 2009, ISBN 978-3-596-72910-4
[31] Ludovic Nguessan: *Le secteur des transports au Sénégal* (http://plateforme-ane.sn/IMG/pdf/le_secteur_des_transports_au_Senegal_-_enjeux_et_defis_pour_la_realisation_des_objectifs_de_croissance_durable_et_de_reduction_de_la_pauvrete.pdf), November 2009, S.20
[32] Agence Nationale de la Statistique et de la Démographie: *Situation économique et sociale du Sénégal en 2009* (http://www.ansd.sn/publications/annuelles/SES_2009.pdf), Dezember 2010, S. 153
[33] Bertholet, Fabrice u.a.: *Le secteur des transports routiers au Sénégal* (http://siteresources.worldbank.org/INTTRM/Resources/514793-1131130428609/AFR-Senegal-output-ESW.pdf), Juni 2004, S. 8, 24, 25
[34] Agence Nationale de la Statistique et de la Démographie: *Situation économique et sociale du Sénégal en 2009* (http://www.ansd.sn/publications/annuelles/SES_2009.pdf), Dezember 2010, S. 170-183
[35] Bertholet, Fabrice u.a.: *Le secteur des transports routiers au Sénégal* (http://siteresources.worldbank.org/INTTRM/Resources/514793-1131130428609/AFR-Senegal-output-ESW.pdf), Juni 2004, S. 27
[36] Agence Nationale de la Statistique et de la Démographie: *Situation économique et sociale du Sénégal en 2009* (http://www.ansd.sn/publications/annuelles/SES_2009.pdf), Dezember 2010, S. 168-170
[37] Ludovic Nguessan: *Le secteur des transports au Sénégal* (http://plateforme-ane.sn/IMG/pdf/le_secteur_des_transports_au_Senegal_-_enjeux_et_defis_pour_la_realisation_des_objectifs_de_croissance_durable_et_de_reduction_de_la_pauvrete.pdf), November 2009, S.79-88
[38] Bertholet, Fabrice u.a.: *Le secteur des transports routiers au Sénégal* (http://siteresources.worldbank.org/INTTRM/Resources/514793-1131130428609/AFR-Senegal-output-ESW.pdf), Juni 2004, S. 69ff
[39] Le Soleil: *Sauvetage de transrail - Une société de patrimoine sera créée par les deux pays* (http://fr.allafrica.com/stories/201005140528.html), 14. Mai 2010
[40] Bloomberg: *Senegal Rail Ministry Wants New Investments in Dakar-Bamako Line* (http://www.bloomberg.com/news/2011-05-06/senegal-rail-ministry-wants-new-investments-in-dakar-bamako-line.html), 6. Mai 2011
[41] Bertholet, Fabrice u.a.: *Le secteur des transports routiers au Sénégal* (http://siteresources.worldbank.org/INTTRM/Resources/514793-1131130428609/AFR-Senegal-output-ESW.pdf), Juni 2004, S. 26
[42] Agence Nationale de la Statistique et de la Démographie: *Situation économique et sociale du Sénégal en 2009* (http://www.ansd.sn/publications/annuelles/SES_2009.pdf), Dezember 2010, S. 154, 162, 163
[43] «Presse africaine» in Bernard Nantet: *Dictionnaire de l'Afrique. Histoire. Civilisation. Actualité*, Larousse, Paris (2006), S. 252/253
[44] Website der *Reporter ohne Grenzen*: Weltrangliste der Pressefreiheit im Jahr 2008, Archivseite (http://wikiwix.com/cache/?url=http://www.rsf.org/article.php3?id_article=28879&title=)
[45] Momar-Coumba Diop (Hrsg.), *Le Sénégal à l'heure de l'information: technologies et société* (Der Senegal im Zeitalter der Informationen: Technologie und Gesellschaft), Karthala, Paris, UNRISD, Genf (2003), S. 145 (ISBN 2-84586-376-4)

[46] Ndiaga Loum: *Les médias et l'état au Sénégal: l'impossible autonomie* (Die Medien und der Staat Senegal: eine unmögliche Autonomie), L'Harmattan, 2003, S. 265 (ISBN 2 7475 3793 5)
[47] RTS-Website: Übersicht über die regionalen Stationen (http://www.rts.sn/RTS_Radiosregions.htm) und verlinkte Programmseiten
[48] Website *Chiffres clés - Internet - Données OSIRIS*, abgerufen am 28 novembre 2007, aktuelle Daten unter Osiris.sn (http://www.osiris.sn/article27.html)
[49] OSIRIS-Archivseite (http://wikiwix.com/cache/?url=http://www.osiris.sn/article26.html&title=)
[50] Ross, Eric S.: *Culture and Customs of Senegal*, Westport 2008, ISBN 978-0-313-34036-9, S. 107-113
[51] Ndioua Adrien Benga: *The Air of the City Makes Free. Urban Music from the 1950s to the 1990s im Senegal. Variété, Jazz, Mbalax, Rap.* (http://www.nai.uu.se/publications/download.html/9171064966.pdf?id=24659#page=134) In: Mai Palmberg und Annemette Kierkegaard (Hrsg.): *Playing with Identities in Contemporary Music in Africa.* Nordiska Afrikainstitutet, Uppsala 2002, S. 75–85
[52] Ross, Eric S.: *Culture and Customs of Senegal*, Westport 2008, ISBN 978-0-313-34036-9, S. 73-75
[53] Ross, Eric S.: *Culture and Customs of Senegal*, Westport 2008, ISBN 978-0-313-34036-9, S. 75-76
[54] Ross, Eric S.: *Culture and Customs of Senegal*, Westport 2008, ISBN 978-0-313-34036-9, S. 113ff
[55] Ross, Eric S.: *Culture and Customs of Senegal*, Westport 2008, ISBN 978-0-313-34036-9, S. 115ff
[56] FIFA: *Senegal* (http://de.fifa.com/associations/association=sen/ranking/gender=m/index.html). Ranking von Senegal auf der Homepage von FIFA, abgerufen am 14. Juni 2010
[57] Gherardo Bonini: *Senegal.* In: David Levinson und Karen Christensen (Hrsg.): *Berkshire Encyclopedia of World Sport.* Berkshire Publishing Group LLC, Great Barrington 2005, ISBN 0-9743091-1-7
[58] Battling Siki Finally on His Way Back Home (http://query.nytimes.com/gst/fullpage.html?res=9F0CE3D6133DF93BA15750C0A965958260&n=Top/News/World/Countries and Territories/Senegal) (New York Times, 28. März 1993)
[59] http://www.gouv.sn/
[60] http://www.lafrique.com/afrique/articles/5/
[61] http://www.ethnologue.com/show_country.asp?name=SN
[62] http://www.orient.uni-freiburg.de/fmoll/rebstock/islamlaend/Senegal1.doc

Koordinaten: 14° N, 14° W

nso:Senegal

bjn:Senegal mrj:Сенегал

Zwischenkieferbein

Das **Zwischenkieferbein** (Zwischenkieferknochen, Praemaxillare) ist ein paariger Knochen des Gesichtsschädels und grenzt an das Nasenbein (Nasale) und das Oberkieferbein (Maxillare) . Beim Menschen verschmilzt dieser Knochen schon vor der Geburt mit dem Oberkieferbein und wird daher nicht als eigener Knochen beim Erwachsenen aufgeführt. Bei den übrigen Säugetieren bleibt die Naht (*Sutura incisiva*) zum Oberkieferbein lange sichtbar. Dies hängt damit zusammen, dass die vordere Gesichtsregion beim Menschen stark verkürzt ist, wodurch der Oberkiefer nur senkrecht druckbeansprucht wird (Marinelli 1929).

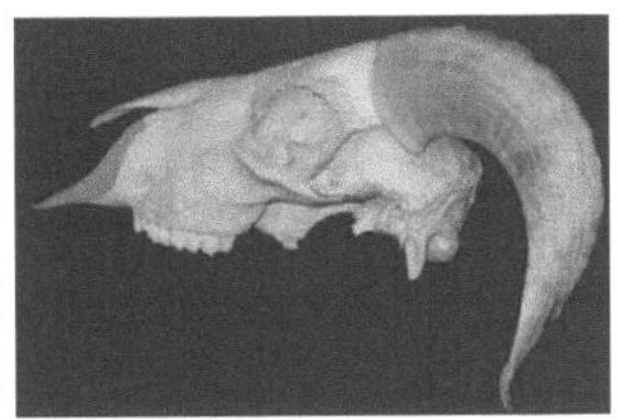

Schädel eines Schafes
Zwischenkieferbein farbig markiert

Am Zwischenkieferbein werden ein Körper (*Corpus*) und drei Fortsätze unterschieden:

- *Processus alveolaris* (Zahnfachfortsatz): Er beherbergt die Zahnfächer der Oberkieferschneidezähne (*Incisivi*) jeder Seite, es sei denn es gibt keine solchen Zähne (Wiederkäuer). Daher auch der lateinische Name *Os incisivum.*
- *Processus nasalis* (Nasenfortsatz): nach hinten und oben, bildet (Ausnahmen: Mensch, Raubtiere) mit dem Nasenbein einen nach vorn offenen Einschnitt (*Incisura nasoincisiva*)
- *Processus palatinus* (Gaumenfortsatz): bildet den vorderen Teil des harten Gaumens. Zwischen beiden Ossa incisiva verläuft ein Gang, der Ductus incisivus, der Mund- und Nasenhöhle verbindet.

Das paarige **Praemaxillare** entstand bei den Osteichthyes aus mehreren bezahnten Mundrandknochen (→ *Amia*) zusätzlich zum „alten" Oberkiefer der Haie. Bei abgeleiteteren Teleostei wird es zum alleinigen Träger von Zähnen im oberen Mundhöhlenbereich. Bei den von Rhipidistia abstammenden Landwirbeltieren kann das Praemaxillare eine derartige Vormachtstellung wegen des Schnappens im viel dünneren Medium Luft und des Kauens nicht erlangen (Bruchgefahr).

Johann Wolfgang von Goethe nahm für sich in Anspruch, das bei Tieren bereits bekannte Zwischenkieferbein 1784 gemeinsam mit Justus Christian Loder im Anatomieturm in Jena beim menschlichen Embryo entdeckt zu haben. Ihm war nicht bekannt, dass der Knochen zuvor schon mehrfach beschrieben worden war, zuletzt 1780 durch den französischen Arzt Félix Vicq d'Azyr.[1] Die Existenz des Zwischenkieferbeins in der Ontogenese (Individualentwicklung) des Menschen ist ein Hinweis auf die gemeinsame Phylogenese (Stammesgeschichte) von Tier und Mensch und somit für die Evolution.

Literatur

- F.-V. Salomon: *Knöchernes Skelett.* In: Salomon, F.-V. u. a. (Hrsg.): *Anatomie für die Tiermedizin.* Enke-Verlag, Stuttgart 2004, S. 37-110. ISBN 3-8304-1007-7
- Westheide/Rieger: *Lehrbuch der Zoologie*, Bd 2: Wirbel- oder Schädeltiere. 2. Aufl. (2010)

Einzelnachweise

[1] Klaus Seehafer: *Mein Leben, ein einzig Abenteuer – Johann Wolfgang Goethe, Biografie*, S. 180.

Art_(Biologie)

Die **Art** oder **Spezies** (lat. *species* „Art“) ist die Grundeinheit der biologischen Systematik. Eine allgemeine Definition der *Art* oder *Spezies*, die die theoretischen und praktischen Anforderungen aller biologischen Teildisziplinen gleichermaßen erfüllt, ist bislang nicht gelungen. Vielmehr existieren in der Biologie verschiedene Artkonzepte, die zu unterschiedlichen Klassifikationen führen.

Das Problem der Artdefinition besteht eigentlich aus zwei Teilproblemen: Gruppenbildung (Welche Individuen gehören zusammen?) und Rangbildung (Welche der zahlreichen, ineinander geschachtelten Gruppen abgestufter Ähnlichkeiten und Beziehungen wollen wir "Art" nennen?)[1] . Die Hauptunterschiede der verschiedenen Artkonzepte liegen dabei auf der Ebene der Rangbildung. Eine Gruppe von Lebewesen unabhängig von ihrem Rang nennen Taxonomen eine *Sippe* oder ein *Taxon*.

Historisches

In die Fachsprache der Naturforscher wurde die Bezeichnung *Art* bereits aufgenommen, als deren Vertreter noch von der Konstanz der Arten überzeugt waren: Da Gott jede Art in einem getrennten Schöpfungsakt erzeugt habe, könne man jede Art prinzipiell und eindeutig von den anderen Arten unterscheiden. Obwohl man bald erkannte, dass dieser Artbegriff mit dem Prozess der Evolution und der Erkenntnis, dass es Übergangsformen heute bekannter Arten gibt, kaum vereinbar ist, wurde der so etablierte Artbegriff bis in die Gegenwart beibehalten, um den Preis, dass keine der heute gängigen Definitionen, für sich alleine betrachtet, sämtliche bekannten Arten taxonomisch zweifelsfrei abgrenzen kann.

In der ursprünglichen Definition beschreibt der Artbegriff also eine Gruppe von Organismen, die so viele unverwechselbare morphologische bzw. physiologische Merkmale gemeinsam haben, dass sie anhand der Kombination dieser Merkmale gegenüber jeder anderen so definierten Gruppe abgrenzbar sein sollen. Dieser Vorstellung von der Art als einer abstrakten Klasse von Objekten mit gemeinsamen Merkmalen stehen moderne Konzepte gegenüber, die Arten als reale Naturgegenstände begreifen und die Art als eine geschlossene Fortpflanzungs- und Abstammungsgemeinschaft definieren, die eine genetische, ökologische und evolutionäre Einheit bildet.

Artenzahl

Anfang des 21. Jahrhunderts waren zwischen 1,5 und 1,75 Millionen Arten beschrieben, davon rund 500.000 Pflanzen.[2] Es ist jedoch davon auszugehen, dass es sich bei diesen nur um einen Bruchteil aller existierenden Arten handelt. Schätzungen gehen davon aus, dass die Gesamtzahl aller Arten der Erde deutlich höher ist. Die weitestgehenden Annahmen reichten dabei Ende der 1990er-Jahre bis zu 117,7 Millionen Arten; am häufigsten jedoch wurden Schätzungen zwischen 13 und 20 Millionen Arten angeführt.[3] [4] Eine 2011 veröffentlichte Studie schätzte die Artenzahl auf 8,7 ± 1,3 Millionen, davon 2,2 ± 0,18 Millionen Meeresbewohner.[5]

Auch über die Gesamtzahl aller Tier- und Pflanzenarten, die seit Beginn des Phanerozoikums vor 542 Mio. Jahren entstanden ist, liegen nur Schätzungen vor. Wissenschaftler gehen von etwa einer Milliarde Arten aus, manche rechnen sogar mit 1,6 Milliarden Arten. Weit unter einem Prozent dieser Artenvielfalt ist fossil erhalten geblieben, denn die Bedingungen für eine Fossilwerdung sind generell ungünstig, und zudem sind viele Fossilien im Laufe der Jahrmillionen von der Erosion und Plattentektonik zerstört worden. Forscher haben bis 1993 rund 130.000 fossile Arten wissenschaftlich beschrieben.[6]

Essentialistisches und typologisches Artkonzept

Über die Ordnung der Natur und somit über die Probleme der Definition von Arten haben sich Philosophen schon seit Aristoteles Gedanken gemacht. Der daraus hervorgegangene essentialistische Artbegriff, auf den die „essentialistische Taxonomie“ zurückgeführt werden kann, spielt heute allerdings in der Biologie keine Rolle mehr.

Die ersten abendländischen Naturforscher hatten keine genaue Vorstellung von der Formenvielfalt der Erde oder ihrer Entstehung. Ihre Arbeiten entstanden lange vor der Entwicklung der Evolutionstheorie. In dem Glauben, Gott habe eine endliche Anzahl diskreter Arten erschaffen, begann man damit, sie zu kategorisieren. Beeinflusst durch die Philosophie Platons und Aristoteles nahmen Carl von Linné und seine Schüler an, dass die einzelnen Individuen einer Art in keiner speziellen Beziehung zueinander stünden, sondern lediglich verschiedene Erscheinungsformen einer Idee (eidos) oder eines Typus seien. Variationen (→ Varietät), also Abweichungen vom Ideal, interpretierten sie als Resultat einer unvollkommenen Manifestation desjenigen Idealtypus, der das Wesen oder die Essenz der jeweiligen Art verkörpern sollte. Gemäß dieser essentialistischen Auffassung lassen sich die Arten an ihrer *essentiellen Natur* oder ihren *typischen Merkmalen* erkennen, welche ihren Ausdruck in der Morphologie finden. Eine Spezies galt als unveränderlicher Typus, der von allen anderen Typen durch eine unüberbrückbare Kluft getrennt ist, und jede Spezies sollte anhand einer Reihe *spezifischer* Eigenschaften oder Merkmale, an denen man sie von anderen Arten unterscheiden kann, identifiziert werden können.

Dieser Artbegriff wird essentialistischer oder typologischer Artbegriff genannt. Er bot den Vorteil, dass er auf die Objekte der belebten und der unbelebten Natur gleichermaßen anwendbar war und zudem unmittelbar einleuchtend schien. Eine Gruppe Objekte wurde als Art bezeichnet, wenn sie sich von einer anderen, ähnlichen Klasse hinreichend stark unterschied, und Objekte wurden einer Art zugeordnet, wenn sie über diejenigen Merkmale verfügten, die als *arttypisch* angesehen wurden.

Die grundlegende Methode des typologischen Artkonzepts nutzt zur Klassifizierung Eigenschaften, die in der belebten wie unbelebten Natur vorkommen können: physikalische und chemische Eigenschaften, Größe, Anzahl und Symmetrie. Klassifizierungssysteme für Sterne oder Chemische Elemente unterscheiden sich daher bei diesem Konzept methodisch nicht grundsätzlich vom typologischen Artkonzept der Biologie, lediglich die verwendeten Eigenschaften sind teilweise andere.

Der typologische Artbegriff stellt damit ein notwendiges historisches Durchgangsstadium dar, da es zunächst einmal galt, die natürliche Formenvielfalt zu erfassen und zu beschreiben – und in denjenigen Wissenschaften, die die unbelebte Natur zum Gegenstand haben, hat sich das typologische Artkonzept auch tatsächlich bewährt; auf theoretische und praktische Schwierigkeiten dagegen stößt es, sobald man es auf biologische Systeme anwendet.

Gleichwohl werden in der Biologie nach wie vor häufig morphologische, ethologische und physiologische Eigenschaften mit den Methoden der Typologie ausgewertet, und man spricht dann im Einzelnen auch vom morphologischen, ethologischen oder physiologischen Artkonzept.

Morphologisches und ethologisches Artkonzept

Löwe

Typologisch definierte Arten sind Gruppen von Organismen, die sich anhand von morphologischen Merkmalen (morphologisches Artkonzept) oder anhand ihres Verhaltens (ethologisches Artkonzept) voneinander unterscheiden lassen. Eine nach morphologischen Kriterien definierte Art wird Morphospezies genannt.

Beispiele:

- Pferd und Esel lassen sich morphologisch klar voneinander abgrenzen und gehören damit zu verschiedenen Morphospezies.
- Löwe und Tiger lassen sich morphologisch und im Verhalten klar voneinander abgrenzen:

Tiger

- Tiger sind gestreift und leben als Einzelgänger, die sich nur zur Paarungszeit treffen.
- Löwen haben nur als Jungtiere manchmal ein Fleckenmuster, sind nicht gestreift, die Männchen haben eine mehr oder weniger stark entwickelte Mähne. Löwen leben normalerweise in Rudeln aus Weibchen mit ihren Jungtieren, und einem oder mehreren adulten Männchen.
- Die Fellmerkmale und das Verhalten der Arten überlappen sich in ihrer Ausprägung nicht, und wenn (Liger und Tigons in Zoos), dann sind diese Zwischenformen viel seltener. Beides sind daher gut trennbare *Morphospezies* (bzw. *Ethospezies*).

In der Paläontologie kann in der Regel nur das morphologische Artkonzept angewandt werden. Da die Anzahl der Funde oft begrenzt ist, ist die Artabgrenzung in der Paläontologie besonders subjektiv. Beispiel: Die Funde von Fossilien zweier Individuen in der gleichen Fundschicht, also praktisch gleichzeitig lebend, unterscheiden sich stark voneinander:

- Sie können jetzt zwei verschiedenen Arten zugeordnet werden, wenn man der Meinung ist, dass sie weit genug von einem morphologischen Typus abweichen. Sie können aber auch derselben Art zugeordnet werden, wenn man der Meinung ist, dass in dieser Art auch eine größere Variationsbreite, die die Funde mit einschließt, angenommen werden kann.
- Die Unterschiede können aber auch auf einen deutlichen Sexualdimorphismus (Unterschiede in der Erscheinung der Männchen und Weibchen) innerhalb einer Art zurückzuführen sein.

Diese Probleme werden mit zunehmender Zahl der Funde und damit Kenntnis der tatsächlichen Variationsbreite geringer, lassen sich aber nicht vollständig beseitigen.

Das morphologische Artkonzept findet häufig Verwendung in der Ökologie, Botanik und Zoologie. In anderen Bereichen, wie etwa in der Mikrobiologie oder in Teilbereichen der Zoologie, wie bei den Nematoden, versagen rein morphologische Arteinteilungsversuche weitgehend.

Problematik der morphologischen Abgrenzung

- Die Natur ist kein starres System, sondern in stetiger Veränderung begriffen. Unter dem Einfluss verschiedener Evolutionsfaktoren verändern sich Populationen graduell, gelegentlich auch sprunghaft von Generation zu Generation. Ein unveränderlicher Typus ist daher mit den Erkenntnissen der Evolutionsbiologie nicht vereinbar. *In der belebten Natur gibt es keine Typen oder Essenzen* (Ernst Mayr 1998).
- Eine Kategorisierung anhand morphologischer Merkmale ist nicht objektivierbar. Eine auf bloßer Unterscheidbarkeit basierende Einteilung hängt stets davon ab, wie genau man die verschiedenen Individuen oder Populationen untersucht und an welchen Kriterien die „Verschiedenheit" festgemacht wird, was viel Raum für Willkür und Interpretation lässt. Je genauer die Untersuchungsmethoden, desto mehr Unterschiede zwischen verschiedenen Individuen und Populationen werden auffällig. In der Konsequenz würde jede noch so kleine intraspezifische Variation zu einem eigenen Taxon erklärt, wenn der jeweilige Taxonom den Unterschied für *wesentlich* erachtet. Durch die Existenz von Hybrid- und Übergangsformen wird das Problem zusätzlich verschärft, weil hier eine eindeutige, nicht willkürliche Abgrenzung nach morphologischen Gesichtspunkten kaum möglich ist.
- Der morphologische Artbegriff ist nicht konsequent durchzuhalten, weil er häufig im Widerspruch zur beobachtbaren biologischen Realität steht. In der Praxis ergibt sich diese Einschränkung u. a. aus der Existenz intraspezifischer Polymorphismen. Eine Reihe Spezies durchläuft während ihrer Individualentwicklung verschiedene Stadien (z. B. Larve → Fliege, Raupe → Schmetterling) in denen der jeweilige Phänotyp drastischen Veränderungen unterworfen ist. Häufig sind Sexualdimorphismen anzutreffen, Arten in denen

männliche und weibliche Individuen unterschiedliche Phänotypen ausbilden. Beispielsweise ordnete Linné Männchen und Weibchen der Stockente ursprünglich zwei verschiedenen Arten zu (Als man den Fehler erkannte, wurden beide zu einer Art zusammengefasst, obwohl sich natürlich an ihrer Unterschiedlichkeit nichts geändert hatte).

- Viele Spezies zeichnen sich durch eine hohe phänotypische Plastizität aus. Ein Phänotyp ist nicht vollständig durch den Genotyp determiniert, sondern das Ergebnis der Wechselwirkung von Genotyp und Umwelt. Ein und derselbe Genotyp kann je nach Umwelt- und Lebensbedingungen unterschiedliche Standortformen hervorbringen, welche nach morphologischen Kriterien verschiedenen Taxa angehörten, obwohl sie genetisch völlig identisch sein können (z. B. im Falle von Ablegern). Beispielsweise variiert die Blattform des Löwenzahns sehr stark in Abhängigkeit von Niederschlagsmenge, Sonnenstrahlung und Jahreszeit zum Zeitpunkt der Blattbildung.
- Es gibt auch die umgekehrte Situation: Biologisch völlig verschiedene Arten können aufgrund ähnlicher Selektionsbedingungen in ihrem Phänotyp konvergieren, sodass sie rein äußerlich nicht mehr ohne Weiteres zu unterscheiden sind, so genannte Zwillingsarten. Das gleiche Problem stellt sich bei den kryptischen Arten.
- Schließlich erwies sich ein rein morphologisches Abgrenzungskriterium als nicht zuverlässig genug, weil die Variationen innerhalb einer Fortpflanzungsgemeinschaft größer sein können als diejenigen zwischen morphologisch ähnlichen, also Populationen desselben „Typus", welche jedoch keine Fortpflanzungsgemeinschaft bilden.

Physiologisches Artkonzept bei Bakterien

Bakterien zeigen nur wenige morphologische Unterscheidungsmerkmale und weisen praktisch keine Rekombinationsschranken auf. Deshalb wird der Stoffwechsel als Unterscheidungskriterium von Stämmen herangezogen. Weil ein allgemein akzeptiertes Artkriterium fehlt, stellen Bakterienstämme so die derzeit tatsächlich verwendete Basis zur Unterscheidung dar. Anhand biochemischer Merkmale wie etwa der Substanz der Zellwand unterscheidet man die höheren Bakterientaxa.

Man testet an bakteriellen Reinkulturen zu ihrer „Artbestimmung" deren Fähigkeit zu bestimmten biochemischen Leistungen, etwa der Fähigkeit zum Abbau bestimmter „Substrate", z. B. seltener Zuckerarten. Diese Fähigkeit ist sehr einfach erkennbar, wenn das Umsetzungsprodukt einen im Kulturmedium zugesetzten Farbindikator umfärben kann. Durch Verimpfung einer Bakterienreinkultur in eine Reihe von Kulturgläsern mit Nährlösungen, die jeweils nur ein bestimmtes Substrat enthalten („Selektivmedien"), bekommt man eine sog. „Bunte Reihe", aus deren Farbumschlägen nach einer Tabelle die Bakterienart bestimmt werden kann. Dazu wurden halbautomatische Geräte („Mikroplatten-Reader") entwickelt.

Seit entsprechende Techniken zur Verfügung stehen (PCR) werden Bakterienstämme auch anhand der DNA-Sequenzen identifiziert oder unterschieden. Ein weithin akzeptiertes Maß ist, dass Stämme, die weniger als 70 % ihres Genoms gemeinsam haben, als getrennte Arten aufzufassen sind. Ein weiteres Maß beruht auf der Ähnlichkeit der 16S-rRNA-Gene. Nach DNA-Analysen waren dabei weniger als 1 % der in natürlichen Medien gefundenen Stämme auf den konventionellen Nährmedien vermehrbar. Auf diese Weise sollen in einem ml Boden bis zu 100.000 verschiedene Bakteriengenome festgestellt worden sein, die als verschiedene Arten interpretiert wurden. Dies ist nicht zu verwechseln mit der Gesamtkeimzahl, die in der gleichen Größenordnung liegt, aber dabei nur „wenige" Arten umfasst, die sich bei einer bestimmten Kulturmethode durch die Bildung von Kolonien zeigen.

Diese Unterscheidungskriterien sind rein pragmatisch. Auf welcher Ebene der Unterscheidung man hier Stämme als Arten oder gar Gattungen auffasst, ist eine Sache der Konvention. Die physiologische oder genetische Artabgrenzung bei Bakterien entspricht methodisch dem typologischen Artkonzept. Sie leidet oft an ähnlichen Problemen wie das morphologische Artkonzept in der Paläontologie; dies beruht auf ebenfalls oft kleinen Datenmengen. Ernst Mayr, leidenschaftlicher Anhänger des biologischen Artkonzepts, meint daher: „Bakterien haben keine Arten".

Einige Autoren (z.B.[7]) machen darauf aufmerksam, dass, entgegen manchen Anschauungen, Transformationen, Transduktionen und Konjugationen (als Wege des DNA-Tauschs zwischen Stämmen) keinesfalls wahllos, sondern zwischen bestimmten Formen bevorzugt, zwischen anderen quasi nie ablaufen. Demnach wäre es prinzipiell möglich, ein Artkonzept entsprechend dem biologischen Artkonzept bei den Eukaryonten zu entwickeln. Andere [8] versuchen auf Basis von Ökotypen, ein Artkonzept zu entwickeln.

Biologisches oder populationsgenetisches Artkonzept

Gegen Ende des 19., Anfang des 20. Jahrhunderts begann sich in der Biologie allmählich das Populationsdenken durchzusetzen, was Konsequenzen für den Artbegriff mit sich brachte. Aus dem Umstand, dass typologische Klassifizierungsschemata die realen Verhältnisse in der Natur nicht oder nur unzureichend abzubilden vermochten, erwuchs für die biologische Systematik die Notwendigkeit einen neuen Artbegriff zu entwickeln, der nicht auf abstrakter Unterschiedlichkeit oder subjektiver Einschätzung basiert, sondern auf objektiven Kriterien. Diese Definition wird als *biologische Artdefinition* bezeichnet, *„Sie heißt „biologisch" nicht deshalb, weil sie mit biologischen Taxa zu tun hat, sondern weil ihre Definition eine biologische ist. Sie verwendet Kriterien, die, was die unbelebte Welt betrifft bedeutungslos sind."*[9] Eine biologisch definierte Art wird als *Biospezies* bezeichnet.

Der neue Begriff stützte sich auf zwei Beobachtungen: Zum einen setzen sich Arten aus Populationen zusammen und zum anderen existieren zwischen Populationen unterschiedlicher Arten biologische Fortpflanzungsbarrieren. *„Die* [biologische] *Art besitzt zwei Eigenschaften, durch die sie sich grundlegend von allen anderen taxonomischen Kategorien, etwa dem Genus, unterscheidet. Erstens einmal erlaubt sie eine nichtwillkürliche Definition – man könnte sogar soweit gehen, sie als „selbstoperational" zu bezeichnen –, indem sie das Kriterium der Fortpflanzungsisolation gegenüber anderen Populationen hervorhebt. Zweitens ist die Art nicht wie alle anderen Kategorien auf der Basis von ihr innewohnenden Eigenschaften, nicht aufgrund des Besitzes bestimmter sichtbarer Attribute definiert, sondern durch ihre Relation zu anderen Arten."*[10]

Die Fortpflanzungsfähigkeit bildet den Kern des biologischen Artbegriffs oder der Biospezies. Eine Biospezies ist eine Gruppe sich tatsächlich oder potentiell kreuzender (Kreuzung) Individuen (Populationen), die voll fertile Nachkommen hervorbringen:

- *Eine Art ist eine Gruppe natürlicher Populationen, die sich untereinander kreuzen können und von anderen Gruppen reproduktiv isoliert sind.*

Dabei sollen die Isolationsmechanismen zwischen den einzelnen Arten biologischer Natur sein, also nicht auf äußeren Gegebenheiten, räumlicher oder zeitlicher Trennung basieren, sondern Eigenschaften der Lebewesen selbst sein:

- *Isolationsmechanismen sind biologische Eigenschaften einzelner Lebewesen, die eine Kreuzung von Populationen verschiedener sympatrischer Arten verhindern.*

Die Kohäsion der Biospezies, ihr genetischer Zusammenhalt, wird durch physiologische, ethologische, morphologische und genetische Eigenschaften gewährleistet, die gegenüber artfremden Individuen isolierend wirken. Da die Isolationsmechanismen verhindern, dass nennenswerte zwischenartliche Bastardierung stattfindet, bilden die Angehörigen einer Art eine Fortpflanzungsgemeinschaft; zwischen ihnen besteht Genfluss, sie teilen sich einen Genpool und bilden so eine Einheit, in der evolutionärer Wandel stattfindet.

Beispiele:

- Pferd und Esel sind zwar kreuzbar (Maultier, Maulesel), haben aber aufgrund einer genetischen Barriere keine fruchtbaren Nachkommen, bilden damit verschiedene Biospezies.
- Löwe und Tiger sind zwar unter künstlichen Bedingungen (Zoo) kreuzbar, (Großkatzenhybride: Liger Tigon) und haben im Zoo unter Umständen auch fruchtbare Nachkommen. In der Natur leben sie zwar teilweise in gemeinsamen Verbreitungsgebieten, natürliche Hybriden wurden bisher jedoch nicht nachgewiesen, was den Schluss nahelegt, dass sie sich nicht verpaaren. Sie gelten aufgrund ethologischer Barrieren als verschiedene Biospezies.

Tigon (Vater Tiger, Mutter Löwe)

Problematik

- Geographisch deutlich getrennte Populationen sind, da sie sich in der Natur nicht kreuzen können, nach dem biologischen Artkonzept schwierig zu fassen. Nach der Theorie der allopatrischen Artbildung sind sie quasi „Arten im Entstehungsprozess". Eine prinzipielle Schwierigkeit besteht eigentlich nicht, da die Frage experimentell entschieden werden kann (wenn keine biologischen Isolationsmechanismen evolviert sind, ist es noch dieselbe Art). Allerdings neigt das phylogenetische Artkonzept (s.u.) dazu, solche Populationen immer als getrennte Arten zu fassen.
- Das biologische Artkonzept enthält in der ursprünglichen Fassung keinen Zeitbegriff. Untereinander kreuzen können sich evidenterweise nur gleichzeitig lebende Organismen. Ein Kriterium, ob früher lebende Organismen zur selben Art zu zählen sind oder nicht, wird dadurch nicht gegeben (im Extremfall bereits die vorjährigen Individuen einer Art mit einjährigem Entwicklungszyklus). Spätere Erweiterungen des Konzepts (zuerst wohl Simpson 1951[11]) versuchten, dies durch Bezug auf evolutionär definierbare Einheiten zu überwinden.
- Arten, die sich nur ungeschlechtlich vermehren, werden durch die Definition des biologischen Artkonzepts nicht erfasst. Sie werden als Agamospezies bezeichnet. Hierzu gehören einige Protisten, einige Pilze, einige Pflanzen, wie die kultivierte Form der Banane (siehe hierzu auch Genet), sowie einige Tiere (mit parthenogenetischer Vermehrung). Agamospezies haben auch keinen Genpool und sind somit auch nach dem populationsgenetischen Artkonzept keine Arten.
- Viele Tier- und Pflanzenarten kreuzen sich auch in der Natur untereinander fruchtbar (Introgression), wie zum Beispiel verschiedene Steinkorallengattungen oder Mehlbeer-Bäume sowie verschiedene Arten aus der Familie der Lebendgebärenden Zahnkarpfen jeweils innerhalb einer Gattung, wie beispielsweise Platy und Schwertträger in der Gattung Xiphophorus. Orchideen können sich zum Teil sogar über Gattungsgrenzen hinweg fruchtbar kreuzen. Diese Hybriden sind in der Natur in der Minderheit, die verschiedenen morphologisch beschriebenen Orchideenarten bleiben daher nach dem morphologischen Artkonzept unterscheidbar. Nach dem biologischen Artkonzept handelt es sich dann um getrennte Arten, wenn sich Isolationsmechanismen herausgebildet haben, die eine Hybridisierung normalerweise verhindern, auch wenn sie physiologisch möglich wäre, z. B. klimabedingte Unterschiede bei Tieren in der Fortpflanzungszeit oder bei Pflanzen in der Blütezeit. Diese Mechanismen können zusammenbrechen (z. B. durch menschliches Eingreifen oder drastische Änderungen der Umwelt durch Klimaveränderungen). Dadurch werden dem Konzept nach vorher getrennte Arten wieder zu einer Art (z. B. bei manchen Orchideenarten in Mitteleuropa beobachtet). Derselbe

Orchideen

Vorgang kann aber auch natürlich ablaufen (introgressive Hybridisierung).

Das biologische Artkonzept findet häufig Verwendung in der Ökologie, Botanik und Zoologie, besonders in der Evolutionsbiologie. In gewisser Weise bildet es das Standardmodell, aus dem die anderen modernen Artkonzepte abgeleitet sind oder gegen welches sie sich in erster Linie abgrenzen. Die notwendigen Charaktere (Fehlen natürlicher Hybriden/gemeinsamer Genpool) sind bisweilen umständlich zu überprüfen, in bestimmten Bereichen, wie etwa in der Paläontologie, versagen biologische bzw. populationsgenetische Artabgrenzungen weitgehend.

Phylogenetisches oder evolutionäres Artkonzept

Eine Art ist eine (monophyletische) Abstammungsgemeinschaft aus einer bis vielen Populationen. Eine Art beginnt nach einer Artspaltung (siehe Artbildung, Kladogenese) und endet

1. wenn alle Individuen dieser Art, ohne Nachkommen zu hinterlassen, aussterben oder
2. wenn aus dieser Art durch Artspaltung zwei neue Arten entstehen.

Phylogenetische Anagenese ist die Veränderung einer Art im Zeitraum zwischen zwei Artspaltungen, also während ihrer Existenz. Solange keine Aufspaltung erfolgt, gehören alle Individuen zur selben Art, auch wenn sie unter Umständen morphologisch unterscheidbar sind.

Das phylogenetische Artkonzept beruht auf der phylogenetischen Systematik oder „Kladistik“ und besitzt nur im Zusammenhang mit dieser Sinn. Im Rahmen des Konzepts sind Arten objektive, tatsächlich existierende biologische Einheiten. Alle höheren Einheiten der Systematik werden nach dem System „Kladen“ genannt und sind (als monophyletische Organismengemeinschaften) von Arten prinzipiell verschieden. Durch die gabelteilige (dichotome) Aufspaltung besitzen alle hierarchischen Einheiten oberhalb der Art (Gattung, Familie etc.) keine Bedeutung, sondern sind nur konventionelle Hilfsmittel, um Abstammungsgemeinschaften eines bestimmten Niveaus zu bezeichnen. Der wesentliche Unterschied liegt weniger in der Betrachtung der Art als in derjenigen dieser höheren Einheiten. Nach dem phylogenetischen Artkonzept können sich Kladen überlappen, wenn sie hybridogenen Ursprungs sind.

Problematik

- Jede Art und jede Artaufspaltung in diesem Modell muss zunächst, dem typologischen oder dem biologischen Artkonzept folgend, definiert werden. Dabei können die beim jeweiligen Artkonzept bereits besprochenen Schwierigkeiten auftreten. Das phylogenetische Artkonzept vereinfacht lediglich die Betrachtung zwischen zwei Artaufspaltungen, indem alle Populationen dieser Zeitspanne zu einer Art zusammengefasst werden. Ernst Mayr meint daher: „Es gibt nur zwei Art-Konzepte, alles andere sind Definitionen“ (Siehe unter „Zitate“)

Zusätzlich kommen folgende Schwierigkeiten hinzu:

- Eine monophyletische Abstammungsgemeinschaft ist nicht unbedingt erkennbar. Der fehlende Nachweis morphologischer und genetischer Unterschiede kann eine bereits erfolgte Aufspaltung nicht ausschließen.
- Phylogenetische Aufgabelungen sind oft nicht symmetrisch und sind in einer der beiden abgespalteten Linien zuweilen ohne genetische und morphologische Folgen. Die Artgrenzen des phylogenetischen Artkonzepts können daher kaum nachvollziehbar, zu bestimmten Zeitpunkten, sich fertil kreuzende und morphologisch einheitliche Populationen trennen. Wenn eine kleine Gruppe einer Art von einem Kontinent auf eine Insel verfrachtet wird und dort z. B. aufgrund von starker Selektion schnelle Artbildung einsetzt – warum sollte dann aus den, auf dem Kontinent zurückgebliebenen Lebewesen der Ursprungsart, die sich unter Umständen nicht oder nicht nachweisbar verändern, eine neue Art werden?
- Die Evolution vieler Taxa verläuft reticulat, das heißt vernetzt, und nicht linear sich aufgabelnd. Morphospezies und Biospezies können (zumindest in Einzelfällen) auf verschiedene Abstammungslinien zurückgehen und daher para- oder polyphyletisch sein.

Chronologisches Artkonzept

Ein weiterer Versuch, Arten in der Zeit klar abzugrenzen, ist das chronologische Artkonzept (Chronospezies). Auch hier wird die Art zunächst anhand eines anderen Artkonzepts definiert (meist das morphologische Artkonzept). Und dann werden nach den Kriterien dieses Konzepts auch die Artgrenzen zwischen in einer Region aufeinanderfolgenden Populationen definiert. Dieses Konzept findet vorwiegend in der Paläontologie Anwendung und ist daher in der Regel eine Erweiterung des morphologischen Artkonzeptes um den Faktor Zeit:

> Eine Art wird durch eine Sequenz zeitlich aufeinander folgender Populationen charakterisiert, deren Individuen innerhalb einer bestimmten morphologischen Variationsbreite liegen.

Dieses Konzept ist dann gut anwendbar, wenn praktisch lückenlose Fundfolgen vorliegen. Die beim morphologischen Artkonzept bereits besprochenen Probleme können auftreten.

Art als Taxon

Der wissenschaftliche Name einer Art (oft lateinischen oder griechischen Ursprungs) setzt sich nach der von Carl von Linné 1753 eingeführten *binominalen Nomenklatur* aus zwei Teilen zusammen, die beide kursiv geschrieben und für die in der Botanik und in der Zoologie unterschiedliche Begriffe gebraucht werden. Der erste Teil dieses Namens wird in beiden Disziplinen großgeschrieben und als Gattungsname bezeichnet. Der zweite Teil wird immer kleingeschrieben und in der Botanik als Epitheton („specific epithet") bezeichnet.

- Beispiel: Bei der Rotbuche (*Fagus sylvatica*) bezeichnet der Namensteil *Fagus* die zutreffende Gattung, *sylvatica* ist das Artepitheton.

In der Zoologie wird der zweite Teil als Artname („specific name") bezeichnet, was in der deutschen Sprache verwirrend sein kann, denn im deutschsprachigen Nomenklaturcode wird auch der aus Gattung und Art bestehende zweiteilige Gesamtname („species name" oder „name of a species") als Artname bezeichnet. Um in Zweifelsfällen eine Eindeutigkeit herzustellen, werden entweder die eindeutigen englischen Begriffe verwendet oder hinzugefügt, oder gelegentlich und informell auch Begriffe wie „epithetum specificum" oder „epitheton specificum"[12]

- Beispiel: Beim Löwen (*Panthera leo*) bezeichnet der Namensteil *Panthera* die zutreffende Gattung, *leo* ist der Artname („specific name").

Vollständig wird der wissenschaftliche Artname erst dann, wenn noch die Autoren beigefügt werden, die die Art als erstes beschrieben haben, sowie die eventuell notwendigen Klammern. Im Geltungsbereich des International Code of Botanical Nomenclature werden die Autorennamen meist abgekürzt, „L." steht beispielsweise für Linné.

- Beispiel: Shiitake *Lentinula edodes* (Berk.) Pegler
  M. J. Berkeley hat die Art zuerst beschrieben, D. Pegler hat sie in das heute gültige System eingeordnet.

In der Zoologie ist das Hinzufügen von Autor und Jahr optional, *Panthera leo* ist also ein völlig korrekt zitierter Name. Nach den Regeln des International Code of Zoological Nomenclature können bei Bedarf noch Autor(en) (nach Möglichkeit nicht abgekürzt) und Jahr hinzugefügt werden (oder Autor(en) alleine ohne das Jahr). Wenn die Art heute in anderen Gattungen zitiert wird als in der, in der sie ursprünglich beschrieben worden war, müssen Autor(en) und Jahr in Klammern gesetzt werden. Zwischen Autor und Jahr wird meist ein Komma gesetzt (was aber nicht vorgeschrieben ist).

- Beispiel: Löwe *Panthera leo* (Linnaeus, 1758)
  Carl Nilsson Linnæus hat die Großkatze zuerst und als *Felis leo* beschrieben. Wer sie zuerst in die heute meist für den Löwen verwendete Gattung *Panthera* Oken, 1816 gestellt hat, ist in der Zoologie nicht relevant. Statt Linnæus wird Linnaeus geschrieben.

Geschichtliche Entwicklung des Artbegriffes

Die Entwicklung des Artbegriffs ist eng mit der Entwicklung der Vorstellung von der Veränderlichkeit der Art verknüpft:

Der Beginn der wissenschaftlichen Klassifizierung der Lebewesen liegt im 18. Jahrhundert bei Carl von Linné, der die Fortpflanzungsorgane (zum Beispiel Blüten) als wesentliche Merkmale nahm. Er ging (bewusst oder unbewusst) von einem idealisierten Artbegriff aus: Nach dem Verständnis seiner Zeit stellte eine Art eine unveränderliche Einheit dar, und Linné versuchte, Standardexemplare jeder Art zu identifizieren. Die natürlich vorkommende Variabilität verstand er als Abweichungen oder Abartigkeiten.

Im Verlauf des 19. Jahrhunderts verdichteten sich die Beobachtungen, dass die Arten im Laufe ihrer Naturgeschichte Änderungen durchmachen. Charles Darwins Evolutionstheorie konnte diese Beobachtungen zusammenfassend erklären. Jedes Individuum vererbt die eigenen Merkmale an die Nachkommen. Variationen innerhalb von Populationen sind hierin keine Abweichungen von einer (ideellen) Norm, sondern zum Überleben der Art notwendig. Individuen mit ungeeigneten Merkmalen werden durch Selektion im Mittel weniger Nachkommen haben oder schneller sterben als ihre Speziesgenossen, und somit können sie ihre Merkmale nicht weitergeben. Damit wurde die gemeinsame Abstammung zum wesentlichen Merkmal der Bestimmung einer Art.

Eine Implikation der Theorie von Darwin ist, dass alles Leben auf der Erde von einer (oder einer Gruppe von) primitiven Organismen abstammen muss. Daher ist nicht die Tatsache der gemeinsamen Abstammung, sondern der Verwandtschaftsgrad ausschlaggebend für die Definition einer Art.

Eine zweite Implikation ist, dass eine Art nur zu einem bestimmten Zeitpunkt wohldefiniert ist. In der Vergangenheit können zwei Populationen, die heute als zwei Arten aufgefasst werden, eine Art gewesen sein. Beispielsweise geht man davon aus, dass der Eisbär sich vor einigen 10.000 bis wenigen 100.000 Jahren von einer in Sibirien lebenden Population des Braunbären abgespalten hat. In der Zukunft mag sich eine heutige Art in mehrere aufspalten.

Auswirkungen der Kriterien für Artabgrenzungen und der Wahl des Artkonzepts

Seit Darwin ist die Ebene der Art gegenüber unterscheidbaren untergeordneten (Lokalpopulationen) oder übergeordneten (Artengruppen bzw. höheren Taxa) nicht mehr besonders ausgezeichnet. Innerhalb der Taxonomie unterliegt die Artabgrenzung Moden und persönlichen Vorlieben, es gibt Taxonomen, die möglichst jede unterscheidbare Form in den Artrang erheben wollen („splitter") und andere, die weitgefasste Arten mit zahlreichen Lokalrassen und -populationen bevorzugen („lumper"). Auch das verwendete Artkonzept wirkt sich auf die Artenzahl aus. Es kann gezeigt werden, dass bei Verwendung des phylogenetischen Artkonzepts mehr Arten unterschieden werden als beim biologischen Artkonzept. Die Vermehrung der Artenzahl, z. B. innerhalb der Primaten, die ausschließlich auf das verwendete Artkonzept zurückgehen, ist als „taxonomische Inflation" bezeichnet worden.[13] Dies hat Folgen für angewandte Bereiche, wenn diese auf einem Vergleich von Artenlisten beruhen. Es ergeben sich unterschiedliche Verhältnisse beim Vergleich der Artenzahlen zwischen verschiedenen taxonomischen Gruppen, geographischen Gebieten, beim Anteil der endemischen Arten und bei der Definition der Schutzwürdigkeit von Populationen bzw. Gebieten im Naturschutz.

Siehe auch

- Ringspezies
- Unterart

Literatur

- Neil A. Campbell: *Biologie.* Spektrum Akademischer Verlag, Heidelberg 1997, S. 476 ff. ISBN 3-8274-0032-5
- Werner Kunz: *Was ist eine Art? In der Praxis bewährt, aber unscharf definiert.* In: *Biologie in unserer Zeit.* Wiley-VCH, Weinheim 32.2002,1, S. 10-19. ISSN 0045-205X [14]
- Ernst Mayr: *Das ist Leben – die Wissenschaft vom Leben.* Spektrum Akademischer Verlag, Heidelberg 1997. ISBN 3-8274-1015-0
- Ernst Mayr: *Animal Species and Evolution.* Belknap of Harvard University Press, Cambridge 1963, ^{6}1977; *Artbegriff und Evolution.* Parey, Hamburg-Berlin 1967 (deutsch).
- Ernst Mayr: *Grundlagen der zoologischen Systematik*, Blackwell Wissenschaftsverlag, Berlin 1975, ISBN 3-490-03918-1
- Ernst Mayr: *Evolution und die Vielfalt des Lebens*, Springer-Verlag, 1979, ISBN 3-540-09068-1
- Peter Ax: *Das Phylogenetische System.* Urban & Fischer Bei Elsevier, 1997. ISBN 3-437-30450-X
- Peter Ax: *Systematik in der Biologie*, Verlag Gustav Fischer, Stuttgart 1988, ISBN 3-437-20419-X
- Ernst Mayr: *Eine Neue Philosophie der Biologie.* R. Piper GmbH & Co. KG, München 1991. ISBN 3-492-03491-8. Originalausgabe: *Toward a New Philosophy of Biology.* The Belknap Press of Harvard University Press, Cambridge, Massachusetts und London 1988.
- Michael Ruse (hrsg.): *What the Philosophy of Biology is – Essays dedicated to David Hull.* Kluwer Academic Publishers, Dordrecht 1989. ISBN 90-247-3778-8. Für die Diskussion von Spezies besonders: J. Cracraft, M. T. Ghiselin, P. Kitcher, E. O. Wiley and M. B. Williams
- Peter Heuer: *Art, Gattung, System: Eine logisch-systematische Analyse biologischer Grundbegriffe.* Verlag Karl Alber, Freiburg i. Br. 2008, ISBN 978-3-495-48333-6

Für detaillierte und aktuelle Diskussionen spezieller Themen:

- Robert A. Wilson (hrsg.): *Species – New Interdisciplinary Essays.* The MIT Press, Cambridge, Massachusetts, London 1999. ISBN 0-262-23201-4
- Elliot Sober: *Philosophy of Biology.* Westview Press 2000 (second edition). ISBN 0-8133-9126-1
- Rainer Willmann: *Die Art in Raum und Zeit. Das Artkonzept in der Biologie und Paläontologie*, Parey, Hamburg 1985, ISBN 3-489-62134-4

Weblinks

- Neuer Wirt, neue Art (Artikel aus Telepolis) [15]
- Deutschland-Radio (15. Dezember 2005): Wissenschaftler schlägt Neudefinition des schwankenden Artbegriffs vor [16]
- Eintrag [17], In: Edward N. Zalta (Hrsg.): *Stanford Encyclopedia of Philosophy (Summer 2010 Edition).* (englisch, inklusive Literaturangaben)

Einzelnachweise

[1] Christopher D. Horvath (1997): Discussion: Phylogenetic Species Concept: Pluralism, Monism, and History. Biology and Philosophy 12(2): 225-232, DOI: 10.1023/A:1006597910504

[2] Peter Sitte, Elmar Weiler, Joachim W. Kadereit, Andreas Bresinsky, Christian Körner: *Lehrbuch der Botanik für Hochschulen.* Begründet von E. Strasburger. Spektrum Akademischer Verlag, Heidelberg 2002 (35. Aufl.), S. 10, ISBN 3-8274-1010-X

[3] Joel Cracraft: *The seven great questions of systematic biology, an essential foundation for conservation and the sustainable use of biodiversity.* In: *Annals of the Missouri Botanical Garden*, Band 89, Nr. 2, 2002, S. 127-144, ISSN 0026-6493 (http://dispatch.opac.d-nb.de/DB=1.1/CMD?ACT=SRCHA&IKT=8&TRM=0026-6493)

[4] P. Hammond: *The current magnitude of biodiversity.* in: V. H. Heywood and R. T. Watson (Hrsg.): *Global Biodiversity Assessment.* Cambridge University Press, Cambridge 1995, S. 113-138. ISBN 0-521-56403-4

[5] Camilo Mora et al.: *How Many Species Are There on Earth and in the Ocean?* In: *PLoS Biol*, 9(8): e1001127, doi:10.1371/journal.pbio.1001127

[6] Peter Wellnhofer: *Die große Enzyklopädie der Flugsaurier.* Mosaik Verlag, München, 1993. S. 13. Aus: E. Kuhn-Schnyder (1977): *Die Geschichte des Lebens auf der Erde.* In: *Mitteilungen der Naturforschenden Gesellschaft des Kantons Solothurn*, 27. Der Beginn des Kambriums wird bei Wellnhofer allerdings mit 590 Mio. Jahren angegeben.

[7] Daniel Dykhuizen: Species Numbers in Bacteria. Proceedings of the California Academy of Sciences Volume 56, Supplement I, No. 6 (2005), pp. 62–71

[8] Frederick M. Cohan: What are bacterial species? Annual Review of Microbiology (2002) 56:457–87

[9] Ernst Mayr: *Evolution und die Vielfalt des Lebens*, Springer-Verlag, 1979, ISBN 3-540-09068-1, S. 234

[10] Ernst Mayr: *Evolution und die Vielfalt des Lebens*, Springer-Verlag, 1979, ISBN 3-540-09068-1, S. 234f

[11] Simpson, George G.: The species concept. Evolution 5(4) (1951): 285-298

[12] G. Becker (2001): Kompendium der zoologischen Nomenklatur. Termini und Zeichen, erläutert durch deutsche offizielle Texte. -- *Senckenbergiana Lethaea* 81 (1): 10 („epithetum specificum"), 12 („epitheton specificum"); Frankfurt am Main.

[13] Nick J. B. Isaac, James Mallet, Georgina M. Mace: *Taxonomic inflation: its influence on macroecology and conservation.* In: *Trends in Ecology and Evolution*, Band 19, Nr. 9, 2004, S. 464–469.

[14] http://dispatch.opac.d-nb.de/DB=1.1/CMD?ACT=SRCHA&IKT=8&TRM=0045-205X

[15] http://www.heise.de/tp/r4/artikel/20/20612/1.html

[16] http://www.dradio.de/dlf/sendungen/forschak/448777/

[17] http://plato.stanford.edu/entries/species/

rue:Вид (біологія)

Aplocheilus

Aplocheilus	
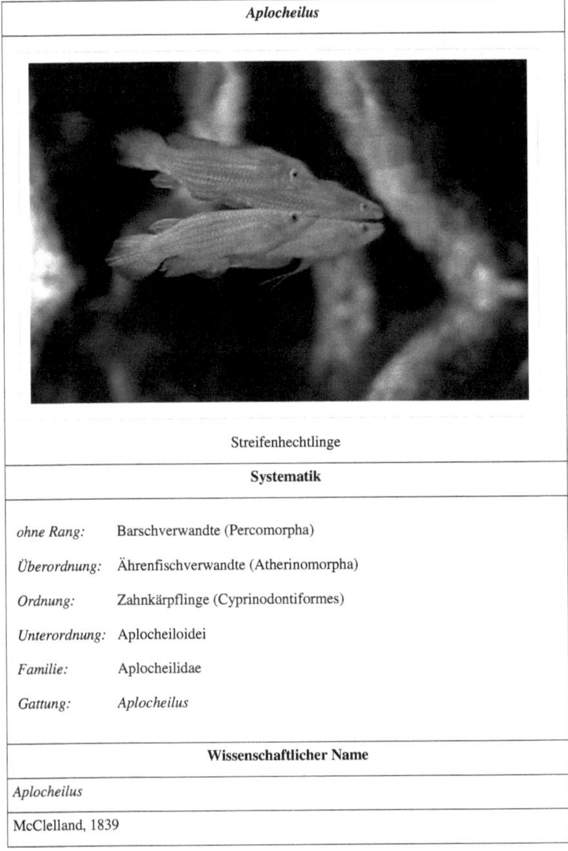 Streifenhechtlinge	
Systematik	
ohne Rang:	Barschverwandte (Percomorpha)
Überordnung:	Ährenfischverwandte (Atherinomorpha)
Ordnung:	Zahnkärpflinge (Cyprinodontiformes)
Unterordnung:	Aplocheiloidei
Familie:	Aplocheilidae
Gattung:	*Aplocheilus*
Wissenschaftlicher Name	
Aplocheilus	
McClelland, 1839	

Aplocheilus ist eine Gattung kleiner Süßwasserfische, die in Indien und großen Teilen Südostasien, in Tümpeln, Gräben und auf überschwemmten Reisfeldern vorkommt. Der wissenschaftliche Name der Gattung nimmt Bezug auf das nicht protaktile (vorstreckbare) Maul der Fische (Gr.: „haploos" = einfach, „cheilos" = Lippe). Im Deutschen werden die Fische als **Hechtlinge** bezeichnet, ein Name der allerdings auch für Angehörige der Gattungen *Epiplatys* und *Pachypanchax* sowie für die Familie Galaxiidae verwendet wird.

Merkmale

Aplocheilus-Arten sind hechtförmig gestreckte Oberflächenfische mit oberständigem, breiten Maul und großen Augen. Sie werden 5 cm bis 10 cm lang. Der Körper ist im vorderen Teil im Querschnitt nahezu rund und flacht sich nach hinten ab. Der Unterkiefer des oberständigen Mauls ragt über den Oberkiefer hinaus. Alle *Aplocheilus*-Arten besitzen auf dem Kopf einen silbrigen Scheitelfleck. Die kürzere Rückenflosse hat weniger Flossenstrahlen als die lange, oft wimpelartig verlängerte Afterflosse und beginnt etwa über deren Mitte.

- Flossenformel: Dorsale 6-9, Anale 13-17.

- Schuppenformel: mLR 29-35.

Lebensweise

Aplocheilus-Arten bewegen sich wenig, sondern lauern, meist unter Schwimmpflanzen, auf Beute. Sie ernähren sich vor allem von Anflugnahrung (Insekten, die auf die Wasseroberfläche gefallen sind). Die Fische sind ovipar und laichen in feinfiedrigen Pflanzen.

Systematik

Die Gattung *Aplocheilus* ist sehr eng mit der Gattung *Pachypanchax* von Madagaskar und den Seychellen verwandt und bildet mit dieser Gattung die Familie Aplocheilidae innerhalb der Ordnung der Zahnkärpflinge (Cyprinodontiformes).

Arten

- Madrashechtling, *Aplocheilus blockii* (Arnold, 1911)
- Grüner Streifenhechtling, *Aplocheilus dayi* (Steindachner, 1892)
- *Aplocheilus kirchmayeri* Berkenkamp & Etzel, 1986
- Streifenhechtling, *Aplocheilus lineatus* (Valenciennes, 1846)
- Panchax, *Aplocheilus panchax* (Hamilton, 1822)
- *Aplocheilus parvus* (Sundara Raj, 1916)
- Werners Streifenhechtling, *Aplocheilus werneri* Meinken, 1966

Das große Verbreitungsgebiet hat innerhalb der Arten zu einer Herausbildung von zahlreichen Populationen geführt, die sich farblich voneinander unterscheiden.

Literatur

- Werner Neumann: *Die Hechtlinge.* A. Ziemsen Verlag, Wittenberg, 1983, ISSN 0138-1423 [1]
- Günther Sterba: *Enzyklopädie der Aquaristik und speziellen Ichthyologie.* Verlag J. Neumann-Neudamm, 1978, ISBN 3-7888-0252-9
- Günther Sterba: *Süsswasserfische der Welt.* Urania-Verlag, 1990, ISBN 3-332-00109-4
- Claus Schaefer, Torsten Schröer: *Das große Lexikon der Aquaristik*, Ulmer Verlag, Stuttgart 2004, ISBN 3-8001-7497-9

Weblinks

- Aplocheilus [2] auf Fishbase.org (englisch)

References

[1] http://dispatch.opac.d-nb.de/DB=1.1/CMD?ACT=SRCHA&IKT=8&TRM=0138-1423
[2] http://www.fishbase.org/NomenClature/ValidNameList.php?syng=Aplocheilus&vtitle=Scientific+Names+where+Genus+Equals+%3Ci%3EAplocheilus%3C%2Fi%3E&crit1=EQUAL

Hochlandkärpflinge

Hochlandkärpflinge	
 Ameca-Kärpfling (*Ameca splendens*)	
Systematik	
	Stachelflosser (Acanthopterygii)
	Barschverwandte (Percomorpha)
Überordnung:	Ährenfischverwandte (Atherinomorpha)
Ordnung:	Zahnkärpflinge (Cyprinodontiformes)
Unterordnung:	Cyprinodontoidei
Familie:	Hochlandkärpflinge
Wissenschaftlicher Name	
Goodeidae	
Jordan, 1923	

Die **Hochland**- oder **Zwischenkärpflinge** (Goodeidae) sind eine Familie kleiner Süßwasserfische aus der Ordnung der Zahnkärpflinge (Cyprinodontiformes). Sie umfasst etwa 55 Arten.

Übersicht

Hochlandkärpflinge leben nur in Mexiko, vor allem im kühlen Hochland, und in Nevada. Sie kommen in schlammigen Tümpeln vor, ebenso in klaren, schnell fließenden Flüssen. Die meisten Wohngewässer sind steinig, mit wenig Pflanzenwuchs, trocknen in der Trockenzeit fast aus und verwandeln sich in der Regenzeit in reißende Flüsse. Die Unterschiede zwischen den Geschlechtern sind bei den Hochlandkärpflingen wenig ausgeprägt.

Innere Systematik

Es gibt zwei Unterfamilien und 55 Arten:

Unterfamilie Empetrichthyinae

Empetrichthys merriami

Die Unterfamilie Empetrichthyinae wurde früher der großen, polyphyletischen Familie Cyprinodontidae zugeordnet. Den Arten der Empetrichthyinae fehlen Bauchflossen und Beckengürtel. Die Epibranchiale ist Y-förmig. Die Rückenflosse weist einen rudimentären Stachelstrahl und elf Weichstrahlen auf, die Brustflossen 16 bis 17 Flossenstrahlen. Ein aus der Afterflosse gebildetes Begattungsorgan fehlt, die Afterflosse ist normal ausgebildet. Die Befruchtung ist extern, die Fische sind ovipar. Die Anzahl der Wirbel liegt bei 28 oder 31, die Anzahl der Schuppen entlang der Seitenlinie bei 26 bis 30. Sie werden fünf bis sechs Zentimeter lang. Die Empetrichthyinae kommen ausschließlich im südlichen Nevada vor. Es gibt zwei Gattungen, vier Arten und zahlreiche Unterarten.[1]

- Gattung *Crenichthys*
  - White-River-Quellkärpfling (*Crenichthys baileyi*) Gilbert, 1893.
  - Nevada-Quellkärpfling (*Crenichthys nevadae*) Hubbs, 1932.
- Gattung *Empetrichthys*
  - *Empetrichthys latos* Miller, 1948.
  - *Empetrichthys merriami* Gilbert, 1893.

Unterfamilie Goodeinae

Banderolenkärpfling, Männchen.

Die Arten der Unterfamilie Goodeinae können langgestreckt oder hochrückig sein. Die Maximallänge liegt bei 20 Zentimeter. Bauchflossen und Beckengürtel sind vorhanden. Die Rückenflosse weist einen rudimentären Stachelstrahl und 14 bis 15 Weichstrahlen auf, die Brustflossen 15 bis 16 Flossenstrahlen. Die Anzahl der Wirbel liegt bei 37, die Anzahl der Schuppen entlang der Seitenlinie bei 30 bis 35. Manche Arten sind überwiegend Fleischfresser: an der Wasseroberfläche erbeuten sie kleine Insekten oder Mückenlarven. Andere Arten ernähren sich überwiegend von Algen oder den Blattspitzen von Wasserpflanzen. Es gibt auch Planktonfresser. Die Goodeinae kommen in Zentralmexiko, vor allem im Einzugsgebiet des Río Lerma vor. [1]

Fortpflanzung

Die Unterfamilie Goodeinae ist vivipar, wie die Lebendgebärenden Zahnkarpfen (Poeciliinae). Zur inneren Befruchtung sind bei den Männchen die sechs bis acht vorn liegenden, kurzen und sehr eng zusammen liegenden Flossenstrahlen der Afterflosse durch eine Einbuchtung von der übrigen Afterflosse getrennt und zu einem Andropodium genannten Begattungsorgan umgebildet. Das Andropodium kann nicht nach vorn geklappt werden, wie das Gonopodium der Lebendgebärenden Zahnkarpfen. Die Ovarien sind teilweise zu einem einzigen, mittigen Organ zusammengewachsen, in dem sich die Entwicklung der Jungen vollzieht. Im Unterschied zu den Lebendgebärenden Zahnkarpfen ist für jeden Wurf eine neue Begattung nötig. Eine Speicherung der Spermien findet nicht statt. Da die kleinen Eier aber dotterarm sind, ist eine Ernährung durch den mütterlichen Organismus notwendig. Dazu weisen die Embryos sogenannte Trophotaenien (eine Art Nabelschnüre) auf, bandartige Verlängerungen des Analbereichs, die mit Falten in der Eierstockwand verbunden sind und durch die sie ernährt werden und der Gasaustausch vonstattengeht. Die Jungfische werden ohne Eihülle geboren, es handelt sich also um eine echte Viviparie. Die Trophotaenien sind auch bei neugeborenen Jungfischen noch sichtbar. [1] [2]

Gattungen und Arten

- Gattung *Allodontichthys*
  - Hubbs Grundkärpfling (*Allodontichthys hubbsi*) Miller & Uyeno, 1980.
  - Vielschuppenkärpfling (*Allodontichthys polylepis*) Rauchenberger, 1988.
  - Tamazula-Kärpfling (*Allodontichthys tamazulae*) Turner, 1946.
  - Colima-Kärpfling (*Allodontichthys zonistius*) Hubbs, 1932.
- Gattung *Alloophorus*
  - Bulldoggen-Hochlandkärpfling (*Alloophorus robustus)* Bean, 1892.
- Gattung *Allotoca*
  - *Allotoca catarinae* de Buen, 1942.
  - Diaz Hochlandkärpfling (*Allotoca diazi*) Meek, 1902.
  - Stahlblauer Kärpfling (*Allotoca dugesii*) Bean, 1887.
  - Goslines Hochlandkärpfling (*Allotoca goslinei*) Smith & Miller, 1987.
  - Gefleckter Kärpfling (*Allotoca maculata*) Smith & Miller, 1980.
  - *Allotoca meeki* Alvarez, 1959.
  - *Allotoca regalis*
  - *Allotoca zacapuensis* Meyer, Radda & Domínguez, 2001.
- Gattung *Ameca*
  - Ameca-Kärpfling (*Ameca splendens*) Miller & Fitzsimons, 1971.
- Gattung *Ataeniobius*
  - Towers Hochlandkärpfling (*Ataeniobius toweri*) Meek, 1904.
- Gattung *Chapalichthys*
  - Forellen-Kärpfling (*Chapalichthys encaustus*) Jordan & Snyder, 1899.
  - Panther-Kärpfling (*Chapalichthys pardalis*) Alvarez, 1963.
  - *Chapalichthys peraticus* Alvarez, 1963.
- Gattung *Characodon*
  - *Characodon audax* Smith & Miller, 1986.
  - Parras-Goodeide (*Characodon garmani*) Jordan & Evermann, 1898, ausgestorben.
  - Regenbogenkärpfling (*Characodon lateralis*) Günther, 1866.
- Gattung *Girardinichthys*
  - *Girardinichthys ireneae* Radda & Meyer, 2003.

- Gelber Hochlandkärpfling (*Girardinichthys multiradiatus*) Meek, 1904.
- Amarillo-Kärpfling (*Girardinichthys viviparus*) Bustamante, 1837.

- Gattung *Goodea*
  - Schwarzflossen-Hochlandkärpfling (*Goodea atripinnis*) Jordan, 1880.
  - Schlanker Schwarzflossen-Hochlandkärpfling (*Goodea gracilis*) Hubbs & Turner, 1939.
- Gattung *Hubbsina*
  - Turners Hochlandkärpfling (*Hubbsina turneri*) de Buen, 1940.
- Gattung *Ilyodon*
  - *Ilyodon cortesae* Paulo-Maya & Trujillo-Jiménez, 2000.
  - Colima-Kärpfling (*Ilyodon furcidens*) Jordan & Gilbert, 1882.
  - Lennons Hochlandkärpfling (*Ilyodon whitei-lennoni*) Meek, 1904.
  - *Ilyodon xantusi* Hubbs & Turner, 1939.
- Gattung *Neoophorus*
  - *Neoophorus regalis* Alvarez, 1959.
- Gattung *Neotoca*
  - *Neotoca bilineata* Bean, 1887.
- Gattung *Skiffia*
  - Zweilinien-Kärpfling (*Skiffia bilineata*) Bean, 1887.
  - Frances Hochlandkärpfling (*Skiffia francesae*) Kingston, 1978.
  - Lerma-Hochlandkärpfling (*Skiffia lermae*) Meek, 1902.
  - Vielpunkt-Hochlandkärpfling (*Skiffia multipunctata*) Pellegrin, 1901.
- Gattung *Xenoophorus*
  - Ritterkärpfling (*Xenoophorus captivus*) Hubbs, 1924.
- Gattung *Xenotaenia*
  - Resolana-Hochlandkärpfling (*Xenotaenia resolanae*) Turner, 1946.
- Gattung *Xenotoca*
  - Banderolenkärpfling (*Xenotoca eiseni*) Rutter, 1896.
  - Dunkler Hochlandkärpfling (*Xenotoca melanosoma*) Fitzsimons, 1972.
  - Veränderlicher Hochlandkärpfling (*Xenotoca variata*) Bean, 1887.
- Gattung *Zoogoneticus*
  - Cuitzeo-Kärpfling (*Zoogoneticus quitzeoensis*) Bean, 1898.
  - Tequila-Kärpfling (*Zoogoneticus tequila*) Webb & Miller, 1998.

Aquaristik

Als Aquarienfische sind die Hochlandkärpflinge nicht sonderlich beliebt, da sie mit wenigen Ausnahmen keine ansprechenden Farben zeigen und häufig kühlere Temperaturen zum Wohlbefinden brauchen. Die farbenprächtigeren Ausnahmen sind z.B. *Characodon lateralis* oder *Ameca splendens*. Viele Arten sind in ihrer Existenz gefährdet. Zwei Arten gibt es nur noch im Aquarium (*Ameca splendens* [3] [4] und *Skiffia francesae* [5] [6]), andere Arten kommen nur noch in Restbeständen vor. Die Erhaltungszuchten von Goodeiden werden von engagierten Aquarianern vorangetrieben.

Quellen

Literatur

- Harro Hieronimus: *Die Hochlandkärpflinge*, Westarp Wissenschaften, Magdeburg 1995, ISBN 3-89432-408-2
- Joseph S. Nelson: *Fishes of the World*, John Wiley & Sons, 2006, ISBN 0-471-25031-7
- Günther Sterba: *Süsswasserfische der Welt*. Urania-Verlag, 1990, ISBN 3-332-00109-4

Einzelnachweise

[1] Nelson (2006), Seite 286.

[2] Sterba (1990), Seite 578.

[3] *Ameca splendens* (http://www.fishbase.org/Summary/SpeciesSummary.php?genusname=Ameca&speciesname=splendens&lang=German) auf Fishbase.org (englisch)

[4] *Ameca splendens* (http://www.iucnredlist.org/apps/redlist/details/1117/0) in der Roten Liste gefährdeter Arten der IUCN 1996. Eingestellt von: Contreras-Balderas, S. & Almada-Villela, P., 1996. Abgerufen am 12. Oktober 2011

[5] *Skiffia francesae* (http://www.fishbase.org/Summary/SpeciesSummary.php?genusname=Skiffia&speciesname=francesae&lang=German) auf Fishbase.org (englisch)

[6] *Skiffia francesae* (http://www.iucnredlist.org/apps/redlist/details/20285/0) in der Roten Liste gefährdeter Arten der IUCN 1996. Eingestellt von: Contreras-Balderas, S. & Almada-Villela, P., 1996. Abgerufen am 12. Oktober 2011

Weblinks

- Fishbase Family Goodeidae - Splitfins (http://filaman.uni-kiel.de/Summary/FamilySummary.php?ID=213)
- http://www.goodeiden.de/Umfassende Seite zum Thema, stellt alle Arten und Lebensräume detailliert vor
- http://www.dglz.de/Deutsche Gesellschaft für Lebendgebärende Zahnkarpfen
- http://www.mgmechanics.de/Webpräsenz über einige ausgewählte Arten von Goodeiden
- http://home.clara.net/brachydibble/Unterstützung der biologischen Abteilung der Universität Morelia zur Erforschung und Erhaltung der Hochlandkärpflinge (*englisch*)

Kamerun-Prachtkärpfling

Kamerun-Prachtkärpfling	
Systematik	
Überordnung:	Ährenfischverwandte (Atherinomorpha)
Ordnung:	Zahnkärpflinge (Cyprinodontiformes)
Unterordnung:	Aplocheiloidei
Familie:	Nothobranchiidae
Gattung:	Prachtkärpflinge (*Aphyosemion*)
Art:	Kamerun-Prachtkärpfling
Wissenschaftlicher Name	
Aphyosemion cameronense	
Boulenger, 1903	

Der **Kamerun-Prachtkärpfling** (*Aphyosemion cameronense*) ist ein in den Gewässern des westafrikanischen Regenwaldes in Kamerun, Gabun und Äquatorial-Guinea beheimateter, farbprächtiger Vertreter der Killifische. Die Art ist die Typusart der Untergattung *Mesoaphyosemion.*

Merkmale

Männchen werden 4,5 bis 5 cm lang, Weibchen bleiben mit einer Länge von 4 bis 4,5 cm etwas kleiner. Die verschiedenen Unterarten und Populationen unterscheiden sich vor allem in ihrer Färbung und Zeichnung. Männchen sind braun mit dunklerem Rücken und hellerem Bauch und einem mehr oder weniger breiten blaugrünen irisierenden Band an den Seiten, Weibchen graubraun mit dunklen roten Punkten.

- Flossenformel: Dorsale 10-14, Anale 14-18.
- Schuppenformel 29-35 (+2) (mLR).

Unterarten

- *Aphyosemion cameronense cameronense*, Äquatorialguinea, Kamerun (Sanaga), Gabun (Ivindo).
- *Aphyosemion cameronense haasi*, Kamerun (Ogooué).
- *Aphyosemion cameronense halleri*, Regenwaldflüsse in Südkamerun und Nordgabun (Woleu-Ntem).
- *Aphyosemion cameronense obscurum*, Flüsse südlich und westlich von Yaoundé in Zentralkamerun.

Lebensweise

Die Art kommt in kleinen Regenwaldbächen, Sümpfen und den sumpfigen Ufern größerer Flüsse vor. Sie hält sich vor allem in Bereichen auf, die von Ufervegetation beschattet werden und laicht in Falllaub und Pflanzenbeständen. Der Kamerun-Prachtkärpfling ist kein Saisonfisch.

Literatur

- Günther Sterba: *Süsswasserfische der Welt.* Urania-Verlag, 1990, ISBN 3-332-00109-4
- Melanie Stiassny, Guy Teugels & Carl D. Hopkins: *The Fresh and Brackish Water Fishes of Lower Guinea, West-Central Africa, Band 2* ISBN 9789074752213

Weblinks

- Kamerun-Prachtkärpfling [1] auf Fishbase.org (englisch)

References

[1] http://www.fishbase.org/Summary/SpeciesSummary.php?genusname=Aphyosemion&speciesname=cameronense&lang=German

Article Sources and Contributors

Aplocheilichthyinae *Source*: http://de.wikipedia.org/w/index.php?title=Aplocheilichthyinae *Contributors*: Haplochromis

Poeciliidae *Source*: http://de.wikipedia.org/w/index.php?title=Poeciliidae *Contributors*: Aka, Factumquintus, Hans Koberger, Haplochromis, Kibert, Stechlin, 2 anonymous edits

Cyprinodontoidei *Source*: http://de.wikipedia.org/w/index.php?title=Cyprinodontoidei *Contributors*: DerGraueWolf, Haplochromis

Zahnkärpflinge *Source*: http://de.wikipedia.org/w/index.php?title=Zahnk%C3%A4rpflinge *Contributors*: Aglarech, Ahoerstemeier, Aka, Alien, AquariaNR, Factumquintus, Haplochromis, Kibert, Kristjan, Media lib, Mike Krüger, Nicor, Olaf Studt, Panellet, Pass3456, Rdb, Renekaemmerer, Stechlin, Umehlig, Vic Fontaine, 13 anonymous edits

Ährenfischverwandte *Source*: http://de.wikipedia.org/w/index.php?title=%C3%84hrenfischverwandte *Contributors*: Aka, Der Regenbogenfisch, Haplochromis, Hydro, Ingrid Krunge, Lohachata

Saisonfisch *Source*: http://de.wikipedia.org/w/index.php?title=Saisonfisch *Contributors*: Amrum, Anneke Wolf, Factumquintus, Haplochromis, Hydro, Klaus Frisch, Kristjan, Martin Sell, Mike Krüger, Necrophorus, Nightwish62, Ninjamask, Pass3456, Philophax, Thsteier, TinoStrauss, Tommy Kronkvist, Trinitrix, 9 anonymous edits

Krebstiere *Source*: http://de.wikipedia.org/w/index.php?title=Krebstiere *Contributors*: 1971markus, 7and, AF666, Achim Raschka, Aglarech, Aka, AquariaNR, BKSlink, BS Thurner Hof, Baldhur, Benowar, Bertonymus, Bin im Garten, Birger Fricke, Blah, Blaubahn, Blaufisch, Chrisfrenzel, Cinemental, CommonsDelinker, Complex, Cymothoa exigua, D, Daniel Markovics, Darkone, DasFliewatüüt, Der.Traeumer, DerGraueWolf, DerHexer, Diba, Diwas, Dysmachus, Engie, Eynre, Factumquintus, Fice, Franz Xaver, Frente, Fristu, GNosis, Gereon K., Gerhardvalentin, Griensteidl, HAL Neuntausend, Hafenbar, Haplochromis, Hardenacke, Herr Konsul, Howwi, Hurone, Hydro, Ilja Lorek, JHeuser, Jergen, Jivee Blau, Jkaa, Johnny Controletti, Jonathan Hornung, Jst brd, Kersti Nebelsiek, Knoerz, Krawi, LabFox, Laza, Llonniznarf, Louis Bafrance, Lycaon, Mc-404, Micha L. Rieser, Mike Krüger, Muscari, Naddy, Napa, Ne discere cessa!, Necrophorus, Nepenthes, Nicor, Nikkis, O.Koslowski, Obarskyr, Olei, Ot, Paddy, Paethon, Pawla, Pecos, PeeCee, Pelz, Peter200, PhJ, Pittimann, Rabax63, RacoonyRE, Ramsch, Regi51, Regiomontanus, Roo1812, STBR, Salomis, Scooter, Sechmet, Seewolf, Sinn, Soulman, Spuk968, Srbauer, Stechlin, Suhadi Sadono, Svíčková, Template namespace initialisation script, Thorbjoern, Tigerente, Tobi B., Tobias1983, TomCatX, Ttbya, Tönjes, Ulz, Umehlig, Umherirrender, Umweltschützen, Voevoda, WAH, Wilhans, Wissen, Wkrautter, Wolfgang1018, YourEyesOnly, 188 anonymous edits

Brackwasser *Source*: http://de.wikipedia.org/w/index.php?title=Brackwasser *Contributors*: Achim Raschka, Aka, Alma, Attallah, Bierdimpfl, Brummfuss, Capriccio, CdaMVvWgS, ChristophDemmer, Clemensfranz, Conny, CosmoKramer, Curvededge, Cymothoa exigua, Danimilkasahne, DerGraueWolf, Die zuckerschnute, Entlinkt, ErikDunsing, Fristu, Geher, Geos, Gerbil, Greebo78, Ironix, J. 'mach' wust, Jbo166, Jergen, Joe Quimby, John, Jpp, Jón, KAMiKAZOW, Konzentrator, Lley, Miiich, Mikano, Mocy, Niteshift, Oberfoerster, Onkelkoeln, PM3, Pelz, Pittimann, Plattmaster, RacoonyRE, Robb, Rufus46, Saperaud, Seegraswiese, Silberchen, Soebe, Stefan Kühn, Thorbjoern, Tobias1983, Tröte, Umehlig, Uwaga budowa, Vanellus, Vivien83, WAH, Wamito, Wissling, Wolfgang1018, Zahnstein, 53 anonymous edits

Malawisee *Source*: http://de.wikipedia.org/w/index.php?title=Malawisee *Contributors*: 4tilden, ASFaTe, Amanita Phalloides, Arved, Atamari, Balû, Bertramz, Bwanahans, Claus Michelfelder, CommonsDelinker, Crosslight, Dead man's hand, Dirk Weber, Doc88888888, Duesi, Enn, Enslin, Ferdinand Groeger, Gerbil, Germannoiseunion, H0tte, Haneburger, Haplochromis, Heimbar, Herzi Pinki, High Contrast, Hk kng, Hydro, JohannG, Kipala, Letdemsay, Lix, MAY, Migra, Msdstefan, Mucalexx, Napa, Newman, Nicor, Norbert Hagemann, Numbo3, Olaf Studt, Parell, Pico31, Ratzer, Rdb, Regani, Regiomontanus, RokerHRO, Schandhase, Schubbay, Spuk968, Stefan Kühn, Stefan7, Strangemeister, Sven-steffen arndt, Terabyte, Thgoiter, Tim Pritlove, Tolukra, TomCatX, Toskana, Verdi1, Video2005, Xocolatl, Xymox, 36 anonymous edits

Tansania *Source*: http://de.wikipedia.org/w/index.php?title=Tansania *Contributors*: 08-15, 20percent, 3ecken1elfer, 4tilden, A.Savin, ANKAWÜ, Abunuwasi, Aconcagua, Ahellwig, Aka, AlarichGOA, Amanita Phalloides, Amphibium, Amurtiger, Andre Engels, Androl, Antemister, Arcimboldo, Armin P., Atamari, Avoided, Azim, Baikonur, Baird's Tapir, Baumfreund-FFM, Baumi, Ben-Zin, Bene16, BerndGehrmann, Bernhard55, Bertramz, Besita, Bhuck, Bierdimpfl, Björn Bornhöft, Bleichi, Bodhi-Baum, Bohr, Chin tin tin, ChrisHamburg, ChristianBier, Creando, DasFliewatüüt, DennisKeller, Der.Traeumer, DerGraueWolf, DerHexer, Diamir, Diba, Dirk Weber, DocMario, Don Magnifico, Dozor, Dr. Andreas Birken, E7, Ejfis, El surya, Elian, Engie, Entlinkt, Ephraim33, Ercas, Euku, Exil, Fedi, FetterLikör, Firefox13, FischX, Florian.Keßler, Fomafix, Fossa, Frank Dickert, Frankee 67, Frischmilch, GLGerman, GNosis, Geos, Giftmischer, Gilliamjf, GordonKlimm, Gorgo, Gromobir, Gum'Mib'Aer, Gumtau, Gustavgraves, Gymi-1992, H0tte, Halbarath, Haniwa, Hansele, Happolati, Happygolucky, Hardenacke, Haring, Harro von Wuff, Hds26846, He3nry, Head, Helenopel, HenrikHolke, Hephaion, Herr Klugbeisser, Herrick, Horst bei Wiki, Howwi, Hæggis, Inkowik, J. Patrick Fischer, JCIV, JFKCom, Janneman, JaynFM, Jivee Blau, Jkü, Jonesey, Joooo, Karibuni, Karl-Henner, Katach, Kate Walker, Kautschpotaeeto, Kdwnv, Kerbel, Kipaji, Kipala, Kipferl, Klios, Kliv, KnightMove, Koerpertraining, Kolossos, Kreuzschnabel, Kris Kaiser, LKD, Langohr, Lantus, Lechhansl, Lenni110, Leuche, Liberaler Humanist, Linksverdreher, Liondancer, Lkafwimi, Loranchet, Lou.gruber, Löschfix, MAY, MaSt, Mac ON, Magnummandel, Magnus Manske, Manu, Manuel Aringarosa, Marcoscramer, Marcus.palapar, Markobr, Martin-vogel, Martin1978, Martinwilke1980, Marul, Marzahn, Matthiaslausitz, Media lib, Meister, Mike Krüger, Mnh, Mundartpoet, Nephelin, Neuroca, Nicor, Nightflyer, Nikkis, Nikoskla, Nocturne, O.Koslowski, Observator, Oceancetaceen, Olei, Ot, Otberg, Ottomanisch, PDD, POY, Pascal76, Patty-picket, PeMaGonGo, Pemba.mpimaji, Perlenklauben, Peter200, Philipendula, Pit, Pittimann, Pjacobi, Popp, Praktiiaa, Primus von Quack, Pöt, Quant3-kurzstrumpf, R.Schuster, Randolph33, Ratzer, Rax, Raymond, Regi51, Reinhard Dietrich, Reinhard Kraasch, Ri st, RIbberlin, Robert Kropf, Robert Weemeyer, Robodoc, Romanm, Roo1812, Rotkraut, Roxanna, Rr2000, Rudi der Regenwurm, Rülpsmann, S.Didam, SKopp, STBR, Sallynase, Schaengel89, Schnargel, Schnoatbrax, Sciurus, Seewolf, Semper, Septembermorgen, Sicherlich, Siebzehnwolkenfrei, SingleMalt, Sinn, Ska13351, Skywalker2003, Soccertipster, Soraja3000, Spuk968, Steevlein, Stern, Summergirl, Sven-steffen arndt, TNolte, TUBS, Thommess, Tim.landscheidt, Tobnu, Tom Bombadil 98, Topfield, Trinidad, Trixium, Tzzzpfff, Tönjes, U.m, UKGB, UlrichAAB, Umweltschützen, Unsterblicher, Unukorno, Uwe Dedering, Uwe Rumberg, Vanellus, WAH, Wahldresdner, Waltershausen, Wiki Gh!, Wolfgang H., Wst, Yacofred, YourEyesOnly, Zaphiro, Zenit, Zeno Gantner, Ziko, Zitty Beng Beng, 478 anonymous edits

Flossenstrahl *Source*: http://de.wikipedia.org/w/index.php?title=Flossenstrahl *Contributors*: DanielHerzberg, Haplochromis, Hydro, Peter adamicka, Sophia4justice, Uwe Gille, Zapyon

Senegal *Source*: http://de.wikipedia.org/w/index.php?title=Senegal *Contributors*: 132-180, 32X, 3ecken1elfer, 4tilden, A.Savin, Abc2005, Aconcagua, Aglarech, Aka, Aloiswuest, Andre Engels, Androl, Antemister, Aprilsunshi, Arbeo, ArminBarmet, Atamari, Attention, Auslaender, Avoided, BK-Master, BKSlink, BLueFiSH.as, Bahnmoeller, Baikonur, Balû, Batrox, Beelzebubs Grandson, Ben-Zin, Bertramz, Bezur, Bib, Bjung, Blenco, Boemmy, Bohr, Brion VIBBER, Brühl, Bummler, CdaMVvWgS, CeGe, Cepheiden, Chaddy, ChristianBier, CommonsDelinker, Complex, Conversion script, Corrigo, CrazyIcecap, Creando, Crux, D, Dajeel, Danyalov, Decius, Der.Traeumer, DerHexer, Diba, Docmo, Dolos, Donniedarkoma, Drahreg01, Dundak, El bes, Elian, Engie, Entlinkt, ErikDunsing, Eulenberg, FaloFel, Fedi, FetterLikör, Finn-Pauls, Florian.Keßler, Fossa, Frank Dickert, Frank63, Frankee 67, Friedemann Lindenthal, Fristu, Frog23, GNosis, Gereon K., GertGrer, Gnu1742, Grapelli, Guandalug, HRoestTypo, HWWI, Haporuk, Hardenacke, Hds26846, Head, Help-up, Herr Klugbeisser, Herrick, Hoheit, Hoo man, Howwi, Hubertl, Hunne, Hystrix, Ikiwaner, Inkowik, Interpretix, Invisigoth67, Island, Itti, J budissin, J. Patrick Fischer, JCIV, Jackalope, Janneman, Jashuah, Javaprog, JaynFM, Jbergner, Jed, Jivee Blau, John, Jpkoester1, JuTa, Jörny, Kachaos, Kam Solusar, Karibuni, Karl-Henner, Kiker99, Kilon22, Koenraad, Kolossos, Konnie, Kookaburra, Krawi, Kuemmjen, LKD, La Fère-Champenoise, Lagaly de, Leipoldt, Leuche, Leyo, Liuthalas, Lofor, Lyingprior, Lyriost, Lysior, Löschfix, MFM, Mamu, Marc-André Aßbrock, Martin sbg, Martin-vogel, MartinThoma, Martinwilke1980, Marzahn, Matthäus Wander, Mellebga, Michail, Mickie199456, Mnh, Monsterxxl, Musik-chris, N23.4, Napa, NatureKnowsBest, Ndege, Ne discere cessa!, Nerd, Netnet, Nicola, Nikai, Nina, Nocturne, NordNordWest, O Cangaçeiro, O.Koslowski, Oberlaender, Odesup, Ot, P. Birken, PatriceNeff, Paulmuc, Peter200, Peterlustig, Pfandbrief, Pittimann, Qhx, Ra'ike, Ralf Roletschek, Raymond, Regi51, Richardfabi, Robodoc, Romanm, Roo1812, Roterraecher, Roxanna, Rr2000, S.K., Sarcelles, Schaengel89, Scheppi80, Schnargel, Seidl, Semperor, Septembermorgen, Shikeishu, Shoshone, Sicherlich, Sinn, Skywalker2003, Small Axe, Smartvital, Sonne88, Sophophiloteros, Spuk968, Steffen, Steigi1900, Stern, Sven-steffen arndt, TOMM, TUBS, Tabsnic, Tafkas, TheK, Theol, Thiel1929, Timk70, Tmalsburg, TobYBrain, Tobnu, Toter Alter Mann, Trockennasenaffe, Tzzzpfff, Tönjes, Uka, Umweltschützen, Unscheinbar, UrLunkwill, Ureinwohner, Vic Fontaine, Vinci, Vodimivado, WAH, Waithamai, Wiegels, Wiki Gh!, Wikinger86, Willi Weasel, Windig, Wst, Xavigivax, Yoda1893, Zaphiro, Zeno Gantner, Zinnmann, 425 anonymous edits

Zwischenkieferbein *Source*: http://de.wikipedia.org/w/index.php?title=Zwischenkieferbein *Contributors*: Achim Raschka, Cyper, LBEH, Maik2, Mantra, Nccn, Nordgut, Peter adamicka, Polarlys, Regiomontanus, Robodoc, TomCatX, Uwe Gille, Veilchenblau, Whistler74, ^{32}P, €pa, 6 anonymous edits

Art_(Biologie) *Source*: http://de.wikipedia.org/w/index.php?title=Art_%28Biologie%29 *Contributors*: 24karamea, APPER, Aglarech, Ahoerstemeier, Aka, Alien4, Amurtiger, Androl, Armin P., BannSaenger, Bdk, Ben-Zin, Berni53, Björn Bornhöft, Blah, Boonekamp, Bradypus, Cairimba, Canis85, Carstor, Chatter, ChristophDemmer, CommonsDelinker, Conversion script, Cymothoa exigua, Danimilkasahne, David Ludwig, Denis Barthel, Der ohne Benutzername, Der.Traeumer, DerHexer, Diba, Dontworry, Dr. Angelika Rosenberger, Elevbe, Ephraim33, Ericsteinert, Etagenklo, Eynre, Fab, Factumquintus, Fetter Ekelbert, Fit, FranciscoWelterSchultes, Fristu, G.Hagedorn, Gamma, Gebintit, Gerbil, Gleiberg, Glenn, Gohnarch, Graciliraptor, Griensteidl, Grindinger, Grüner Flip, HBarchet, Hans J. Castorp, Hati, Help-up, Irmgard, Itu, JKS, Jacerel, JakobVoss, Jgtgnhjtrer, Jivee Blau, Johnny Controletti, Jonathan Hornung, Joni2, Jpp, Jörg Knappen, KaHe, Karl-Henner, Keimzelle, Kku, KnightMove, Kursch, Liuthalas, Louis Bafrance, Löschfix, M.Bettels, M.L, MD, MFM, Magnus, Mamue, Marcusbunk, Margaux, Meloe, Michaki, Mikullovci11, Nikkis, Nrein, Obersachse, Olei, Perrak, Peter200, Peterlustig, Peterwilhelm, PhJ, Philipendula, Php-programmierer, Pill, Pinguin.tk, Pittimann, Plattmaster, Porsche 997 Carrera, Qniemiec, Ra'ike, Regi51, Rene Ressler, Revolus, RitaC, Roo1812, RoswithaC, Roterraecher, Rprick, Rubblesby, S.K., Sabine0111, Sambalolec, Sansculotte, Schewek, Schniggendiller, Seegraswiese, Seewolf, Sideboard, Sigloch-Junior, Sinn, Sir, SonniWP2, Spuk968, StYxXx, Steevie, Stefan64, Succu, Suisui, Sven Zoerner, THWZ, Tambora, Theghaz, Tilla, TomCatX, TomK32, Toter Alter Mann, Triebtäter, Túrelio, Ulrich.fuchs, Victor Eremita, WAH, Westiandi, Wissen, WissensDürster, Wnme, Wolfgang1018, Wquester, Wst, XJamRastafire, XRay, YMS,

Zaibatsu, Zapyon, Zivilverteidigung, Zwangsumbenennung816, , 164 anonymous edits

Aplocheilus *Source*: http://de.wikipedia.org/w/index.php?title=Aplocheilus *Contributors*: DampflokfanDR, Haplochromis, Mike Krüger, Vince2004

Hochlandkärpflinge *Source*: http://de.wikipedia.org/w/index.php?title=Hochlandk%C3%A4rpflinge *Contributors*: Aka, BS Thurner Hof, Cactus26, Dbr, Ellenberg, Emes, Factumquintus, Haplochromis, Javaprog, Jeremiah21, Kristjan, Melly42, Olei, Paddy, RonMeier, 16 anonymous edits

Kamerun-Prachtkärpfling *Source*: http://de.wikipedia.org/w/index.php?title=Kamerun-Prachtk%C3%A4rpfling *Contributors*: Aka, Etherial, Factumquintus, Gripweed, HaSee, Haplochromis, Javaprog, Loupeter, Nockel12, Pass3456, Pfalzfrank, Ruestz, Stechlin, 1 anonymous edits

Image Sources, Licenses and Contributors

Datei:Leuchtaugenfisch.jpg *Source*: http://de.wikipedia.org/w/index.php?title=Datei:Leuchtaugenfisch.jpg *License*: unknown *Contributors*: User:Haplochromis

Datei:Girardinus microdactylus 01.jpg *Source*: http://de.wikipedia.org/w/index.php?title=Datei:Girardinus_microdactylus_01.jpg *License*: unknown *Contributors*: Silvana Gericke (http://people.freenet.de/silvanagericke/startsaqua.htm)

Datei:Samarucs.png *Source*: http://de.wikipedia.org/w/index.php?title=Datei:Samarucs.png *License*: unknown *Contributors*: Alvaro1984 18

Datei:Pachypanchax omalonotus 01.jpg *Source*: http://de.wikipedia.org/w/index.php?title=Datei:Pachypanchax_omalonotus_01.jpg *License*: unknown *Contributors*: User:TinoStrauss

Datei:Nothobranchius rachovii male.jpg *Source*: http://de.wikipedia.org/w/index.php?title=Datei:Nothobranchius_rachovii_male.jpg *License*: unknown *Contributors*: Andreas Wretström, 2003. Resident in Uppsala, Sweden.

Datei:Limia perugiae 01.jpg *Source*: http://de.wikipedia.org/w/index.php?title=Datei:Limia_perugiae_01.jpg *License*: unknown *Contributors*: Silvana Gericke (http://people.freenet.de/silvanagericke/startsaqua.htm)

Datei:Atherina hepsetus Stefano Guerrieri 1.jpg *Source*: http://de.wikipedia.org/w/index.php?title=Datei:Atherina_hepsetus_Stefano_Guerrieri_1.jpg *License*: unknown *Contributors*: User:Etrusko25

Datei:Hyporhamphus meeki.jpg *Source*: http://de.wikipedia.org/w/index.php?title=Datei:Hyporhamphus_meeki.jpg *License*: unknown *Contributors*: SEFSC Pascagoula Laboratory; Collection of Brandi Noble, NOAA/NMFS/SEFSC

Datei:Jordanella floridae.jpg *Source*: http://de.wikipedia.org/w/index.php?title=Datei:Jordanella_floridae.jpg *License*: unknown *Contributors*: Cmeilahn, Franz Xaver, Liné1, Pristigaster, Sfan00 IMG

Bild:Nothobranchius rachovii male.jpg *Source*: http://de.wikipedia.org/w/index.php?title=Datei:Nothobranchius_rachovii_male.jpg *License*: unknown *Contributors*: Andreas Wretström, 2003. Resident in Uppsala, Sweden.

Datei:Crustacea.jpg *Source*: http://de.wikipedia.org/w/index.php?title=Datei:Crustacea.jpg *License*: unknown *Contributors*: User:Biopics

Datei:Suesswasserkrebs Kreta.jpg *Source*: http://de.wikipedia.org/w/index.php?title=Datei:Suesswasserkrebs_Kreta.jpg *License*: unknown *Contributors*: Frente, Haplochromis, Lycaon, NeverDoING, Stemonitis, Xenophon

Datei:CoenobitaClypeatus.JPG *Source*: http://de.wikipedia.org/w/index.php?title=Datei:CoenobitaClypeatus.JPG *License*: unknown *Contributors*: User:AbsolutDan

Datei:Meyers b10 s0176a.jpg *Source*: http://de.wikipedia.org/w/index.php?title=Datei:Meyers_b10_s0176a.jpg *License*: unknown *Contributors*: Bibliographisches Institut, in Leipzig

Datei:Uca perplexa male waving.gif *Source*: http://de.wikipedia.org/w/index.php?title=Datei:Uca_perplexa_male_waving.gif *License*: unknown *Contributors*: User:Mnolf

Datei:Cyclops.jpg *Source*: http://de.wikipedia.org/w/index.php?title=Datei:Cyclops.jpg *License*: unknown *Contributors*: Luis Fernández García, Lycaon, PDH, Soulkeeper, Stemonitis, TomCatX

Datei:Triops australiensis.jpg *Source*: http://de.wikipedia.org/w/index.php?title=Datei:Triops_australiensis.jpg *License*: unknown *Contributors*: Denniss, Liné1, Lycaon, Puchatech K., Rosarinagazo

Datei:Porcellio scaber - male side 1 (aka).jpg *Source*: http://de.wikipedia.org/w/index.php?title=Datei:Porcellio_scaber_-_male_side_1_(aka).jpg *License*: unknown *Contributors*: user:Aka

Datei:Ostracoda.jpg *Source*: http://de.wikipedia.org/w/index.php?title=Datei:Ostracoda.jpg *License*: unknown *Contributors*: Haplochromis, Lycaon, PlatypeanArchcow

Datei:Antarctic_krill_(Euphausia_superba).jpg *Source*: http://de.wikipedia.org/w/index.php?title=Datei:Antarctic_krill_(Euphausia_superba).jpg *License*: unknown *Contributors*: User:Amada44, User:uwe kils

Datei:Monodactylus argenteus.JPG *Source*: http://de.wikipedia.org/w/index.php?title=Datei:Monodactylus_argenteus.JPG *License*: unknown *Contributors*: User:Haplochromis

Datei:Lake Malawi seen from orbit.jpg *Source*: http://de.wikipedia.org/w/index.php?title=Datei:Lake_Malawi_seen_from_orbit.jpg *License*: unknown *Contributors*: User:Tintazul, User:Worldtraveller

Datei:Malawi location map.svg *Source*: http://de.wikipedia.org/w/index.php?title=Datei:Malawi_location_map.svg *License*: unknown *Contributors*: User:NordNordWest

Datei:Rift.svg *Source*: http://de.wikipedia.org/w/index.php?title=Datei:Rift.svg *License*: unknown *Contributors*: Kimdime69

Datei:Cichlids in the wild - DSCN1965.jpg *Source*: http://de.wikipedia.org/w/index.php?title=Datei:Cichlids_in_the_wild_-_DSCN1965.jpg *License*: unknown *Contributors*: Lycaon, TomCatX

Datei:Lake Malawi, view from Likoma Island.jpg *Source*: http://de.wikipedia.org/w/index.php?title=Datei:Lake_Malawi,_view_from_Likoma_Island.jpg *License*: unknown *Contributors*: Dschwen, JackyR, Lumijaguaari, Rémih

Datei:Monoxylon_beach_Lake_Malawi_1557.jpg *Source*: http://de.wikipedia.org/w/index.php?title=Datei:Monoxylon_beach_Lake_Malawi_1557.jpg *License*: unknown *Contributors*: GeorgHH, H005, JackyR, Verdi

Datei:Flag of Tanzania.svg *Source*: http://de.wikipedia.org/w/index.php?title=Datei:Flag_of_Tanzania.svg *License*: unknown *Contributors*: User:Alkari, User:Madden, User:SKopp

Datei:Coat of arms of tanzania.svg *Source*: http://de.wikipedia.org/w/index.php?title=Datei:Coat_of_arms_of_tanzania.svg *License*: unknown *Contributors*: -

Datei:Tanzania on the globe (Africa centered).svg *Source*: http://de.wikipedia.org/w/index.php?title=Datei:Tanzania_on_the_globe_(Africa_centered).svg *License*: unknown *Contributors*: TUBS

Datei:Tansania_map-de.svg *Source*: http://de.wikipedia.org/w/index.php?title=Datei:Tansania_map-de.svg *License*: unknown *Contributors*: User:Carl Steinbeißer, User:Sémhur

Datei:Elephant and Kilimanjaro.jpg *Source*: http://de.wikipedia.org/w/index.php?title=Datei:Elephant_and_Kilimanjaro.jpg *License*: unknown *Contributors*: Charles Asik from Dar es Salaam, Tanzania

Datei:Meyers b14 s0300a.jpg *Source*: http://de.wikipedia.org/w/index.php?title=Datei:Meyers_b14_s0300a.jpg *License*: unknown *Contributors*: Bibliographisches Institut, in Leipzig

Datei:Tanzania Regions.png *Source*: http://de.wikipedia.org/w/index.php?title=Datei:Tanzania_Regions.png *License*: unknown *Contributors*: Acntx, HBR, Joey-das-WBF, Martin H., Nicoli Maege

Datei:Tanzania Roads & Rails.png *Source*: http://de.wikipedia.org/w/index.php?title=Datei:Tanzania_Roads_&_Rails.png *License*: unknown *Contributors*: User:MapMaster

Datei:Mum's Kitchen1.JPG *Source*: http://de.wikipedia.org/w/index.php?title=Datei:Mum's_Kitchen1.JPG *License*: unknown *Contributors*: Benutzer:Lechhansl

Datei:Dorsal fin 01.jpg *Source*: http://de.wikipedia.org/w/index.php?title=Datei:Dorsal_fin_01.jpg *License*: unknown *Contributors*: User:TinoStrauss

Datei:Hartstrahlen.jpg *Source*: http://de.wikipedia.org/w/index.php?title=Datei:Hartstrahlen.jpg *License*: unknown *Contributors*: User:Haplochromis, User:Rainer Zenz

Datei:Flag of Senegal.svg *Source*: http://de.wikipedia.org/w/index.php?title=Datei:Flag_of_Senegal.svg *License*: unknown *Contributors*: user:Nightstallion

Datei:Coat of arms of Senegal.svg *Source*: http://de.wikipedia.org/w/index.php?title=Datei:Coat_of_arms_of_Senegal.svg *License*: unknown *Contributors*: User:Xavigivax, User:Xavigivax

Datei:Senegal in its region.svg *Source*: http://de.wikipedia.org/w/index.php?title=Datei:Senegal_in_its_region.svg *License*: unknown *Contributors*: TUBS

Datei:Senegal map (de).png *Source*: http://de.wikipedia.org/w/index.php?title=Datei:Senegal_map_(de).png *License*: unknown *Contributors*: Original uploader was Head at de.wikipedia. Later version(s) were uploaded by Tzzzpfff at de.wikipedia.

Datei:Senegal satellite fires.jpeg *Source*: http://de.wikipedia.org/w/index.php?title=Datei:Senegal_satellite_fires.jpeg *License*: unknown *Contributors*: Jacques Descloitres, MODIS Land Rapid Response Team at NASA GSFC

Datei:MégalitheSénégal.jpg *Source*: http://de.wikipedia.org/w/index.php?title=Datei:MégalitheSénégal.jpg *License*: unknown *Contributors*: John Atherton

Datei:WolofWaalo.jpg *Source*: http://de.wikipedia.org/w/index.php?title=Datei:WolofWaalo.jpg *License*: unknown *Contributors*: Anne Raffenel (dess.)

Datei:Senegal Gorée (8).jpg *Source*: http://de.wikipedia.org/w/index.php?title=Datei:Senegal_Gorée_(8).jpg *License*: unknown *Contributors*: FlickreviewR, Ji-Elle, ~Pyb

Datei:Leopold Sedar Senghor (1987) by Erling Mandelmann.jpg *Source*: http://de.wikipedia.org/w/index.php?title=Datei:Leopold_Sedar_Senghor_(1987)_by_Erling_Mandelmann.jpg *License*: unknown *Contributors*: Erling Mandelmann

Datei:Regions of Senegal.svg *Source*: http://de.wikipedia.org/w/index.php?title=Datei:Regions_of_Senegal.svg *License*: unknown *Contributors*: NordNordWest

Datei:Senegal bois pour le fumage du poisson 800x600.jpg *Source*: http://de.wikipedia.org/w/index.php?title=Datei:Senegal_bois_pour_le_fumage_du_poisson_800x600.jpg *License*: unknown *Contributors*: BOULLU, Baikonur, Ji-Elle, Kilom691, Notafish

Datei:Senegal Car rapide.jpg *Source*: http://de.wikipedia.org/w/index.php?title=Datei:Senegal_Car_rapide.jpg *License*: unknown *Contributors*: Ferdinand Reus

Datei:DKR Railway station.JPG *Source*: http://de.wikipedia.org/w/index.php?title=Datei:DKR_Railway_station.JPG *License*: unknown *Contributors*: J.W.H. van der WAAL

Datei:Orch baob 062608 001.jpg *Source*: http://de.wikipedia.org/w/index.php?title=Datei:Orch_baob_062608_001.jpg *License*: unknown *Contributors*: User:T L Miles

Datei:Cooking in Senegal 20050824-b.jpg *Source*: http://de.wikipedia.org/w/index.php?title=Datei:Cooking_in_Senegal_20050824-b.jpg *License*: unknown *Contributors*: Alexandrin, Amcaja, Atamari, Ji-Elle, Patricia.fidi, Túrelio, Wst

Datei:Yekini3.jpg *Source*: http://de.wikipedia.org/w/index.php?title=Datei:Yekini3.jpg *License*: unknown *Contributors*: Erica Kowal

Datei:Incisivum Sheep.jpg *Source*: http://de.wikipedia.org/w/index.php?title=Datei:Incisivum_Sheep.jpg *License*: unknown *Contributors*: User:Uwe Gille

Datei:Lion waiting in Namibia.jpg *Source*: http://de.wikipedia.org/w/index.php?title=Datei:Lion_waiting_in_Namibia.jpg *License*: unknown *Contributors*: yaaaay

Datei:Panthera tigris tigris.jpg *Source*: http://de.wikipedia.org/w/index.php?title=Datei:Panthera_tigris_tigris.jpg *License*: unknown *Contributors*: User:Zwoenitzer

Datei:Tigon4.jpg *Source*: http://de.wikipedia.org/w/index.php?title=Datei:Tigon4.jpg *License*: unknown *Contributors*: User:The bellman

Datei:PhalaenopsisOphrysPaphiopedilumMaxillaria.jpg *Source*: http://de.wikipedia.org/w/index.php?title=Datei:PhalaenopsisOphrysPaphiopedilumMaxillaria.jpg *License*: unknown *Contributors*: Orchi, Pixeltoo, Schwalbe

Datei:Hechtlinge.jpg *Source*: http://de.wikipedia.org/w/index.php?title=Datei:Hechtlinge.jpg *License*: unknown *Contributors*: Jeff Kubina

Datei:Ameca splendens male.JPG *Source*: http://de.wikipedia.org/w/index.php?title=Datei:Ameca_splendens_male.JPG *License*: unknown *Contributors*: Marie France Janelle

Datei:Empetrichthys.merriami.dsj.jpg *Source*: http://de.wikipedia.org/w/index.php?title=Datei:Empetrichthys.merriami.dsj.jpg *License*: unknown *Contributors*: David Starr Jordan

Datei:Xenotoca eiseni.JPG *Source*: http://de.wikipedia.org/w/index.php?title=Datei:Xenotoca_eiseni.JPG *License*: unknown *Contributors*: Auteur: Marie France Janelle Original uploader was Mariejanelle at fr.wikipedia

GNU Free Documentation License Version 1.2, November 2002 Copyright (C) 2000,2001,2002 Free Software Foundation, Inc. 59 Temple Place, Suite 330, Boston, MA 02111-1307 USA Everyone is permitted to copy and distribute verbatim copies of this license document, but changing it is not allowed.

0. PREAMBLE

The purpose of this License is to make a manual, textbook, or other functional and useful document "free" in the sense of freedom: to assure everyone the effective freedom to copy and redistribute it, with or without modifying it, either commercially or noncommercially. Secondarily, this License preserves for the author and publisher a way to get credit for their work, while not being considered responsible for modifications made by others. This License is a kind of "copyleft", which means that derivative works of the document must themselves be free in the same sense. It complements the GNU General Public License, which is a copyleft license designed for free software. We have designed this License in order to use it for manuals for free software, because free software needs free documentation: a free program should come with manuals providing the same freedoms that the software does. But this License is not limited to software manuals; it can be used for any textual work, regardless of subject matter or whether it is published as a printed book. We recommend this License principally for works whose purpose is instruction or reference.

1. APPLICABILITY AND DEFINITIONS

This License applies to any manual or other work, in any medium, that contains a notice placed by the copyright holder saying it can be distributed under the terms of this License. Such a notice grants a world-wide, royalty-free license, unlimited in duration, to use that work under the conditions stated herein. The "Document", below, refers to any such manual or work. Any member of the public is a licensee, and is addressed as "you". You accept the license if you copy, modify or distribute the work in a way requiring permission under copyright law. A "Modified Version" of the Document means any work containing the Document or a portion of it, either copied verbatim, or with modifications and/or translated into another language. A "Secondary Section" is a named appendix or a front-matter section of the Document that deals exclusively with the relationship of the publishers or authors of the Document to the Document's overall subject (or to related matters) and contains nothing that could fall directly within that overall subject. (Thus, if the Document is in part a textbook of mathematics, a Secondary Section may not explain any mathematics.) The relationship could be a matter of historical connection with the subject or with related matters, or of legal, commercial, philosophical, ethical or political position regarding them. The "Invariant Sections" are certain Secondary Sections whose titles are designated, as being those of Invariant Sections, in the notice that says that the Document is released under this License. If a section does not fit the above definition of Secondary then it is not allowed to be designated as Invariant. The Document may contain zero Invariant Sections. If the Document does not identify any Invariant Sections then there are none. The "Cover Texts" are certain short passages of text that are listed, as Front-Cover Texts or Back-Cover Texts, in the notice that says that the Document is released under this License. A Front-Cover Text may be at most 5 words, and a Back-Cover Text may be at most 25 words. A "Transparent" copy of the Document means a machine-readable copy, represented in a format whose specification is available to the general public, that is suitable for revising the document straightforwardly with generic text editors or (for images composed of pixels) generic paint programs or (for drawings) some widely available drawing editor, and that is suitable for input to text formatters or for automatic translation to a variety of formats suitable for input to text formatters. A copy made in an otherwise Transparent file format whose markup, or absence of markup, has been arranged to thwart or discourage subsequent modification by readers is not Transparent. An image format is not Transparent if used for any substantial amount of text. A copy that is not "Transparent" is called "Opaque". Examples of suitable formats for Transparent copies include plain ASCII without markup, Texinfo input format, LaTeX input format, SGML or XML using a publicly available DTD, and standard-conforming simple HTML, PostScript or PDF designed for human modification. Examples of transparent image formats include PNG, XCF and JPG. Opaque formats include proprietary formats that can be read and edited only by proprietary word processors, SGML or XML for which the DTD and/or processing tools are not generally available, and the machine-generated HTML, PostScript or PDF produced by some word processors for output purposes only. The "Title Page" means, for a printed book, the title page itself, plus such following pages as are needed to hold, legibly, the material this License requires to appear in the title page. For works in formats which do not have any title page as such, "Title Page" means the text near the most prominent appearance of the work's title, preceding the beginning of the body of the text. A section "Entitled XYZ" means a named subunit of the Document whose title either is precisely XYZ or contains XYZ in parentheses following text that translates XYZ in another language. (Here XYZ stands for a specific section name mentioned below, such as "Acknowledgements", "Dedications", "Endorsements", or "History".) To "Preserve the Title" of such a section when you modify the Document means that it remains a section "Entitled XYZ" according to this definition. The Document may include Warranty Disclaimers next to the notice which states that this License applies to the Document. These Warranty Disclaimers are considered to be included by reference in this License, but only as regards disclaiming warranties: any other implication that these Warranty Disclaimers may have is void and has no effect on the meaning of this License.

2. VERBATIM COPYING

You may copy and distribute the Document in any medium, either commercially or noncommercially, provided that this License, the copyright notices, and the license notice saying this License applies to the Document are reproduced in all copies, and that you add no other conditions whatsoever to those of this License. You may not use technical measures to obstruct or control the reading or further copying of the copies you make or distribute. However, you may accept compensation in exchange for copies. If you distribute a large enough number of copies you must also follow the conditions in section 3. You may also lend copies, under the same conditions stated above, and you may publicly display copies.

3. COPYING IN QUANTITY

If you publish printed copies (or copies in media that commonly have printed covers) of the Document, numbering more than 100, and the Document's license notice requires Cover Texts, you must enclose the copies in covers that carry, clearly and legibly, all these Cover Texts: Front-Cover Texts on the front cover, and Back-Cover Texts on the back cover. Both covers must also clearly and legibly identify you as the publisher of these copies. The front cover must present the full title with all words of the title equally prominent and visible. You may add other material on the covers in addition. Copying with changes limited to the covers, as long as they preserve the title of the Document and satisfy these conditions, can be treated as verbatim copying in other respects. If the required texts for either cover are too voluminous to fit legibly, you should put the first ones listed (as many as fit reasonably) on the actual cover, and continue the rest onto adjacent pages. If you publish or distribute Opaque copies of the Document numbering more than 100, you must either include a machine-readable Transparent copy along with each Opaque copy, or state in or with each Opaque copy a computer-network location from which the general network-using public has access to download using public-standard network protocols a complete Transparent copy of the Document, free of added material. If you use the latter option, you must take reasonably prudent steps, when you begin distribution of Opaque copies in quantity, to ensure that this Transparent copy will remain thus accessible at the stated location until at least one year after the last time you distribute an Opaque copy (directly or through your agents or retailers) of that edition to the public. It is requested, but not required, that you contact the authors of the Document well before redistributing any large number of copies, to give them a chance to provide you with an updated version of the Document.

4. MODIFICATIONS

You may copy and distribute a Modified Version of the Document under the conditions of sections 2 and 3 above, provided that you release the Modified Version under precisely this License, with the Modified Version filling the role of the Document, thus licensing distribution and modification of the Modified Version to whoever possesses a copy of it. In addition, you must do these things in the Modified Version: A. Use in the Title Page (and on the covers, if any) a title distinct from that of the Document, and from those of previous versions (which should, if there were any, be listed in the History section of the Document). You may use the same title as a previous version if the original publisher of that version gives permission. B. List on the Title Page, as authors, one or more persons or entities responsible for authorship of the modifications in the Modified Version, together with at least five of the principal authors of the Document (all of its principal authors, if it has fewer than five), unless they release you from this requirement. C. State on the Title page the name of the publisher of the Modified Version, as the publisher. D. Preserve all the copyright notices of the Document. E. Add an appropriate copyright notice for your modifications adjacent to the other copyright notices. F. Include, immediately after the copyright notices, a license notice giving the public permission to use the Modified Version under the terms of this License, in the form shown in the Addendum below. G. Preserve in that license notice the full lists of Invariant Sections and required Cover Texts given in the Document's license notice. H. Include an unaltered copy of this License. I. Preserve the section Entitled "History", Preserve its Title, and add to it an item stating at least the title, year, new authors, and publisher of the Modified Version as given on the Title Page. If there is no section Entitled "History" in the Document, create one stating the title, year, authors, and publisher of the Document as given on its Title Page, then add an item describing the Modified Version as stated in the previous sentence. J. Preserve the network location, if any, given in the Document for public access to a Transparent copy of the Document, and likewise the network locations given in the Document for previous versions it was based on. These may be placed in the "History" section. You may omit a network location for a work that was published at least four years before the Document itself, or if the original publisher of the version it refers to gives permission. K. For any section Entitled "Acknowledgements" or "Dedications", Preserve the Title of the section, and preserve in the section all the substance and tone of each of the contributor acknowledgements and/or dedications given therein. L. Preserve all the Invariant Sections of the Document, unaltered in their text and in their titles. Section numbers or the equivalent are not considered part of the section titles. M. Delete any section Entitled "Endorsements". Such a section may not be included in the Modified Version. N. Do not retitle any existing section to be Entitled "Endorsements" or to conflict in title with any Invariant Section. O. Preserve any Warranty Disclaimers. If the Modified Version includes new front-matter sections or appendices that qualify as Secondary Sections and contain no material copied from the Document, you may at your option designate some or all of these sections as invariant. To do this, add their titles to the list of Invariant Sections in the Modified Version's license notice. These titles must be distinct from any other section titles. You may add a section Entitled "Endorsements", provided it contains nothing but endorsements of your Modified Version by various parties--for example, statements of peer review or that the text has been approved by an organization as the authoritative definition of a standard. You may add a passage of up to five words as a Front-Cover Text, and a passage of up to 25 words as a Back-Cover Text, to the end of the list of Cover Texts in the Modified Version. Only one passage of Front-Cover Text and one of Back-Cover Text may be added by (or through arrangements made by) any one entity. If the Document already includes a cover text for the same cover, previously added by you or by arrangement made by the same entity you are acting on behalf of, you may not add another; but you may replace the old one, on explicit permission from the previous publisher that added the old one. The author(s) and publisher(s) of the Document do not by this License give permission to use their names for publicity for or to assert or imply endorsement of any Modified Version.

5. COMBINING DOCUMENTS

You may combine the Document with other documents released under this License, under the terms defined in section 4 above for modified versions, provided that you include in the combination all of the Invariant Sections of all of the original documents, unmodified, and list them all as Invariant Sections of your combined work in its license notice, and that you preserve all their Warranty Disclaimers. The combined work need only contain one copy of this License, and multiple identical Invariant Sections may be replaced with a single copy. If there are multiple Invariant Sections with the same name but different contents, make the title of each such section unique by adding at the end of it, in parentheses, the name of the original author or publisher of that section if known, or else a unique number. Make the same adjustment to the section titles in the list of Invariant Sections in the license notice of the combined work. In the combination, you must combine any sections Entitled "History" in the various original documents, forming one section Entitled "History"; likewise combine any sections Entitled "Acknowledgements", and any sections Entitled "Dedications". You must delete all sections Entitled "Endorsements".

6. COLLECTIONS OF DOCUMENTS

You may make a collection consisting of the Document and other documents released under this License, and replace the individual copies of this License in the various documents with a single copy that is included in the collection, provided that you follow the rules of this License for verbatim copying of each of the documents in all other respects. You may extract a single document from such a collection, and distribute it individually under this License, provided you insert a copy of this License into the extracted document, and follow this License in all other respects regarding verbatim copying of that document.

7. AGGREGATION WITH INDEPENDENT WORKS

A compilation of the Document or its derivatives with other separate and independent documents or works, in or on a volume of a storage or distribution medium, is called an "aggregate" if the copyright resulting from the compilation is not used to limit the legal rights of the compilation's users beyond what the individual works permit. When the Document is included in an aggregate, this License does not apply to the other works in the aggregate which are not themselves derivative works of the Document. If the Cover Text requirement of section 3 is applicable to these copies of the Document, then if the Document is less than one half of the entire aggregate, the Document's Cover Texts may be placed on covers that bracket the Document within the aggregate, or the electronic equivalent of covers if the Document is in electronic form. Otherwise they must appear on printed covers that bracket the whole aggregate.

8. TRANSLATION

Translation is considered a kind of modification, so you may distribute translations of the Document under the terms of section 4. Replacing Invariant Sections with translations requires special permission from their copyright holders, but you may include translations of some or all Invariant Sections in addition to the original versions of these Invariant Sections. You may include a translation of this License, and all the license notices in the Document, and any Warranty Disclaimers, provided that you also include the original English version of this License and the original versions of those notices and disclaimers. In case of a disagreement between the translation and the original version of this License or a notice or disclaimer, the original version will prevail. If a section in the Document is Entitled "Acknowledgements", "Dedications", or "History", the requirement (section 4) to Preserve its Title (section 1) will typically require changing the actual title.

9. TERMINATION

You may not copy, modify, sublicense, or distribute the Document except as expressly provided for under this License. Any other attempt to copy, modify, sublicense or distribute the Document is void, and will automatically terminate your rights under this License. However, parties who have received copies, or rights, from you under this License will not have their licenses terminated so long as such parties remain in full compliance.

10. FUTURE REVISIONS OF THIS LICENSE

The Free Software Foundation may publish new, revised versions of the GNU Free Documentation License from time to time. Such new versions will be similar in spirit to the present version, but may differ in detail to address new problems or concerns. See http://www.gnu.org/copyleft/. Each version of the License is given a distinguishing version number. If the Document specifies that a particular numbered version of this License "or any later version" applies to it, you have the option of following the terms and conditions either of that specified version or of any later version that has been published (not as a draft) by the Free Software Foundation. If the Document does not specify a version number of this License, you may choose any version ever published (not as a draft) by the Free Software Foundation. ADDENDUM: How to use this License for your documents To use this License in a document you have written, include a copy of the License in the document and put the following copyright and license notices just after the title page: Copyright (c) YEAR YOUR NAME. Permission is granted to copy, distribute and/or modify this document under the terms of the GNU Free Documentation License, Version 1.2 or any later version published by the Free Software Foundation; with no Invariant Sections, no Front-Cover Texts, and no Back-Cover Texts. A copy of the license is included in the section entitled "GNU Free Documentation License". If you have Invariant Sections, Front-Cover Texts and Back-Cover Texts, replace the "with...Texts." line with this: with the Invariant Sections being LIST THEIR TITLES, with the Front-Cover Texts being LIST, and with the Back-Cover Texts being LIST. If you have Invariant Sections without Cover Texts, or some other combination of the three, merge those two alternatives to suit the situation. If your document contains nontrivial examples of program code, we recommend releasing these examples in parallel under your choice of free software license, such as the GNU General Public License, to permit their use in free software.

Printed by Books on Demand GmbH, Norderstedt / Germany